Forschungsberichte · Band 67

Berichte aus dem
Institut für Werkzeugmaschinen
und Betriebswissenschaften
der Technischen Universität München

Herausgeber: Prof. Dr.-Ing. J. Milberg

Franz Kugelmann

Einsatz nachgiebiger Elemente zur wirtschaftlichen Automatisierung von Produktionssystemen

Mit 76 Abbildungen

Springer-Verlag Berlin Heidelberg GmbH 1993

Dipl.-Ing. Franz Kugelmann
Institut für Werkzeugmaschinen und Betriebswissenschaften (iwb), München

Dr.-Ing. J. Milberg
o. Professor an der Technischen Universität München
Institut für Werkzeugmaschinen und Betriebswissenschaften (iwb), München

D 91

ISBN 978-3-540-57549-8 ISBN 978-3-662-06930-1 (eBook)
DOI 10.1007/978-3-662-06930-1

Ursprünglich erschienen bei Springer-Verlag Berlin Heidelberg New York 1993.

Gesamtherstellung: Hieronymus Buchreproduktions GmbH, München.
62/3020-543210

Geleitwort des Herausgebers

Die Verbesserung der Fertigungsmaschinen, der Fertigungsverfahren und der Fertigungsorganisation im Hinblick auf die Steigerung der Produktivität und die Verringerung der Fertigungskosten ist eine ständige Aufgabe der Produktionstechnik. Die Situation in der Produktionstechnik ist durch abnehmende Fertigungslosgrößen und zunehmende Personalkosten sowie durch eine unzureichende Nutzung der Produktionsanlagen geprägt. Neben den Forderungen nach einer Verbesserung von Mengenleistung und Arbeitsgenauigkeit gewinnt die Steigerung der Flexibilität von Fertigungsmaschinen und Fertigungsabläufen immer mehr an Bedeutung. In zunehmendem Maße werden Programme, Einrichtungen und Anlagen für rechnergestützte und flexibel automatisierte Produktionsabläufe entwickelt.

Ziel der Forschungsarbeiten am Institut für Werkzeugmaschinen und Betriebswissenschaften der Technischen Universität München (iwb) ist die weitere Verbesserung der Fertigungsmittel und Fertigungsverfahren im Hinblick auf eine Optimierung der Arbeitsgenauigkeit und Mengenleistung der Fertigungssysteme. Dabei stehen Fragen der anforderungsgerechten Maschinenauslegung sowie der optimalen Prozeßführung im Vordergrund. Ein weiterer Schwerpunkt ist die Entwicklung fortgeschrittener Produktionsstrukturen und die Erarbeitung von Konzepten für die Automatisierung des Auftragsdurchlaufs. Das Ziel ist eine Integration der technischen Auftragsabwicklung von der Konstruktion bis zur Montage.

Die im Rahmen dieser Buchreihe erscheinenden Bände stammen thematisch aus den Forschungsbereichen des iwb: Fertigungsverfahren, Werkzeugmaschinen, Fertigungs- und Montageautomatisierung, Betriebsplanung sowie Steuerungstechnik und Informationsverarbeitung. In ihnen werden neue Ergebnisse und Erkenntnisse aus der praxisnahen Forschung des iwb veröffentlicht. Diese Buchreihe soll dazu beitragen, den Wissenstransfer zwischen dem Hochschulbereich und dem Anwender in der Praxis zu verbessern.

Joachim Milberg

Vorwort

Die vorliegende Dissertation entstand während meiner Tätigkeit als wissenschaftlicher Mitarbeiter am Institut für Werkzeugmaschinen und Betriebswissenschaften (iwb) der Technischen Universität München.

Herrn Prof. Dr.-Ing. J. Milberg, dem Leiter dieses Instituts, gilt mein besonderer Dank für seine wohlwollende Förderung und Unterstützung sowie für die wertvollen Hinweise zu dieser Arbeit.

Herrn Prof. Dr.-Ing. K. Feldmann, dem Leiter des Lehrstuhls für Fertigungsautomatisierung und Produktionssystematik der Universität Erlangen-Nürnberg, danke ich für die aufmerksame Durchsicht der Arbeit und die sich daraus ergebenden Anregungen.

Schließlich möchte ich mich bei allen Mitarbeiterinnen und Mitarbeitern des Instituts sowie allen Studenten, die mich bei der Erstellung der Arbeit unterstützt haben, recht herzlich bedanken.

München, im August 1993 *Franz Kugelmann*

Inhaltsverzeichnis

Formelzeichen und Abkürzungen

Zeichen:	Dimension:	Bedeutung:
F	[N]	Kraft
F_N, F_{N1}, F_{N2}	[N]	Normalkraft
F_{res}, F_{res1}, F_{res2}	[N]	resultierende Kraft
F_R	[N]	Reibkraft
F_x	[N]	Kraft in x-Richtung
F_z	[N]	Kraft in z-Richtung
F_p	[N]	Druckkraft
F_{xA}	[N]	Kraft in x-Richtung an der Fügestelle A
F_{xB}	[N]	Kraft in x-Richtung an der Fügestelle B
F_{xges}	[N]	gesamte Kraft in x-Richtung
M	[Nm]	Moment
α	[°]	Fasenwinkel
Θ	[°]	Winkelfehler
f	[mm]	Fasengröße
c	[N/mm]	Federkonstante
β, δ, φ, φ_o, υ, υ_o, γ	[°]	Winkel
m	[kg]	Masse
g	[m/s^2]	Erdbeschleunigung

Zeichen:	**Dimension**	**Bedeutung:**
a, a_1, a_2, k, l, b, m	[mm]	Längen
ρ	[°]	Reibwinkel
μ	[-]	Reibungswert
x, y, z	[-]	Koordinatenrichtungen
E	[J]	Energie
v	[m/s]	Geschwindigkeit
v_x	[m/s]	Geschwindigkeit in x-Richtung
v_z	[m/s]	Geschwindigkeit in z-Richtung
v_{abs}	[m/s]	Absolutgeschwindigkeit
S		Schwerpunkt
CAD		Computer Aided Design
FEM		Finite Elemente Methode

1 Einführung

1.1 Einleitung

Die Idee des Industrieroboters wurde in den 50er Jahren geboren. Bereits 1966 versuchte General Motors den Industrieroboter in Verbindung mit einem Punktschweißwerkzeug industriell einzusetzen. Hauptprobleme waren damals die noch mangelhafte Steuerungstechnik und die Unzuverlässigkeit der mechanischen Systemkomponenten. In der Bundesrepublik stiegen die Einsatzzahlen erst in den 80er Jahren steil an [WEUL 91]. Nach einer ersten Phase der Euphorie, in der man geglaubt hatte, sehr viele Handhabungs- und Montageaufgaben mit einem Industrieroboter automatisieren zu können, kam die Phase der Ernüchterung. Die fehlenden sensorischen Fähigkeiten des Menschen führten dazu, daß Industrieroboter lediglich in Bereichen eingesetzt wurden, wo es galt, den Menschen von schwerer körperlicher Arbeit und gesundheitsschädlicher Arbeitsumgebung zu entbinden. Außerdem konnten nur Fertigungs- bzw. Montageprozesse mit geringen Genauigkeitsanforderungen auf den Industrieroboter übertragen werden. Daher sind derzeit die größten Einsatzgebiete für Industrieroboter nach Abbildung 1.1 das Punkt- und Bahnschweißen, das Lackieren und einfache Aufgaben in der automatisierten Montage sowie der Werkstückhandhabung [SCHW 92]. Die Gründe für diese Einsatzgebiete sind, neben den geringen Genauigkeitsanforderungen an die Industrieroboter, darin zu sehen, daß bereits vorhandene, weit entwickelte manuell betätigte Werkzeuge, wie beispielsweise die Punktschweißzange, ohne große Änderungen als Roboterwerkzeug übernommen werden konnten. Bei komplexeren Montageaufgaben, die in der Regel manuell ausgeführt werden, sind für jeden Anwendungsfall geeignete Roboterwerkzeuge zu entwickeln. Obwohl die Einsatzzahlen von Industrierobotern im Bereich der Montage sehr hoch sind, ist der Automatisierungsgrad hier sehr gering. Er liegt bei ca. 10%. Da die Montage je nach Art des Bauteils zwischen 20% und 70% der Gesamtfertigungszeit eines Produktes beansprucht, sind hier erhebliche Rationalisierungspotentiale vorhanden, die derzeit nicht ausgeschöpft werden [LOTT 92].

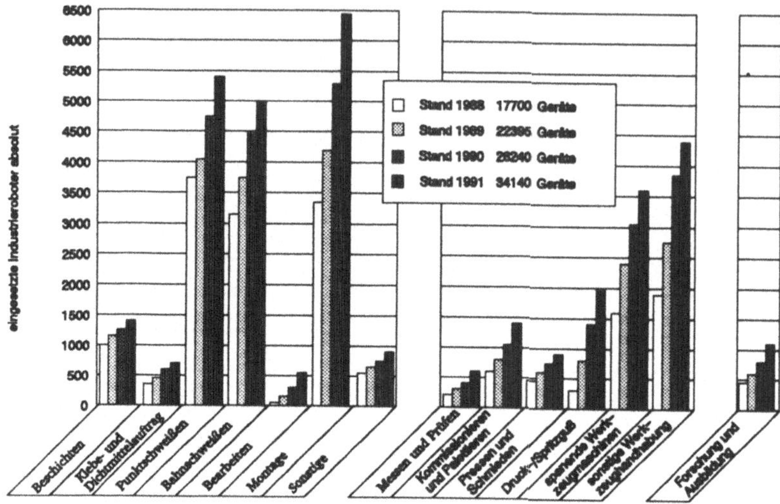

Abb. 1.1: Einsatzzahlen der Industrieroboter in der BRD [SCHW 92]

1.2 Problemfelder beim Einsatz von Industrierobotern, Automatisierungshemmnisse

1.2.1 Technische Hemmnisse

Technische Hemmnisse sind nach Abbildung 1.2 meist Toleranzen bzw. Positionsfehler zwischen zwei zu fügenden Werkstücken, die unterschiedliche Ursachen haben können. Toleranzen und Fertigungsfehler der Werkstücke, Positionierungenauigkeiten bei der Werkstückbereitstellung sowie den Industrierobotern, die sich u.a. aufgrund einer ungenauen Programmierung ergeben, müssen kompensiert werden [MILB 87]. Im ungünstigsten Fall addieren sich alle Fehlermöglichkeiten zu einem Maximum. Ein reibungsloser Montageprozeß ist häufig nicht möglich.

Bei komplexen Bewegungsabläufen, die in der Regel manuell problemlos ausgeführt werden können, sind dem Industrieroboter enge Grenzen gesetzt.

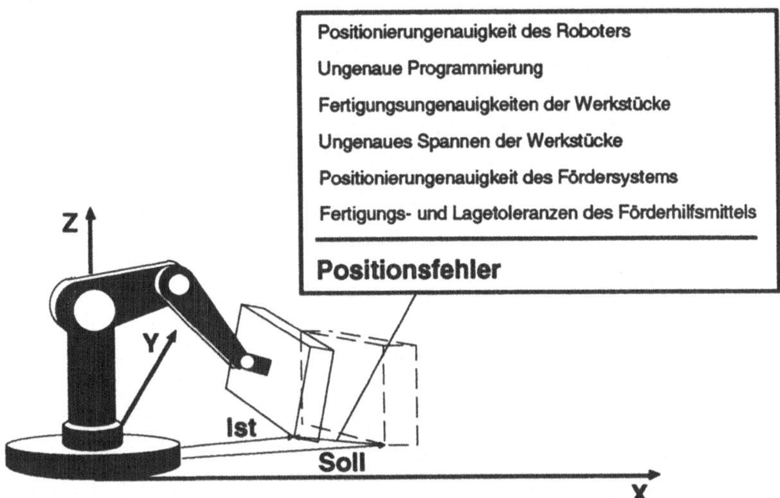

Abb. 1.2: Positionsfehler und deren Ursache [MAIE 88]

Abbildung 1.3 zeigt den Bewegungsablauf beim Laserschweißen entlang eines Bleches mit Kanten. Da die Schweißdüse normal zur Oberfläche geführt werden muß, kann aufgrund der Orientierungsänderungen des Industrieroboters an den Kanten keine konstante Bahngeschwindigkeit und damit keine harmonische Bewegung realisiert werden.

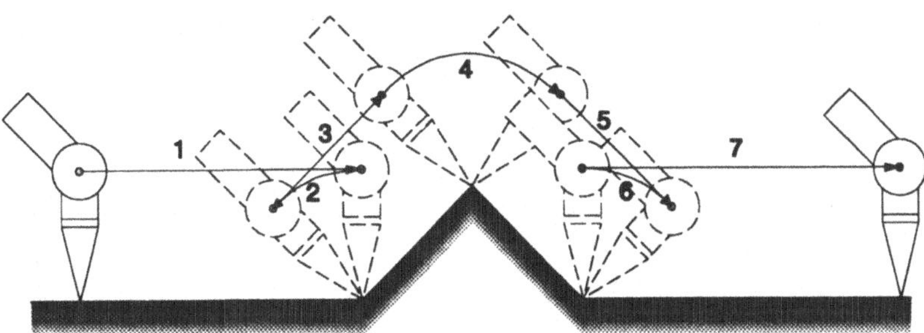

Abb. 1.3: Bewegungsablauf beim Schweißen eines Bauteils mit Kanten

Das dynamische Verhalten von Industrierobotern stellt eine weitere Fehlerquelle im Montageprozeß dar. Mit Hilfe der Motografie wurde von [WEND

90] das dynamische Verhalten eines Knickarmroboters untersucht. In Abhängigkeit von der Roboterlast und der Verfahrgeschwindigkeit ergeben sich verschiedene Abweichungen. Die Abbildung 1.4 zeigt das Eckenfahrverhalten des Roboters. Mit zunehmender Geschwindigkeit vergrößern sich die Abweichungen zur Sollbewegung. Bei einem mehrmaligen Durchfahren derselben Ecke zeigt sich, daß die Abweichungen nicht zufällig, sondern stets annähernd gleich auftreten. Es kann daher von einer dynamischen Wiederholgenauigkeit gesprochen werden.

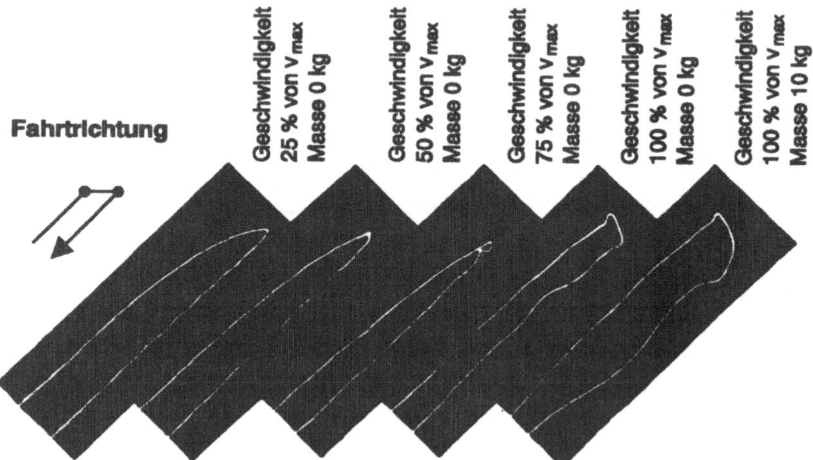

Abb. 1.4: Dynamisches Verhalten eines Industrieroboters [WEND 90]

1.2.2 Wirtschaftliche Hemmnisse

Um eine automatische Montageanlage mit einem Industrieroboter betreiben zu können, ist oftmals eine definierte Bereitstellung der Einzelteile erforderlich. Ein entsprechend technischer und finanzieller Aufwand in der Roboterperipherie ist die Folge. In Abbildung 1.5 ist der Zusammenhang zwischen den Toleranzen und den Kosten bzw. dem Aufwand am Beispiel eines Werkstückträgersystems zur Bereitstellung von Einzelteilen dargestellt. Die Forderung nach geringen Toleranzen im Sinne einer störungssicheren Montageautomatisierung steht im Zielkonflikt zu der Forderung nach möglichst großen Toleranzen hinsichtlich der Fertigungskosten des Werkstückträgers.

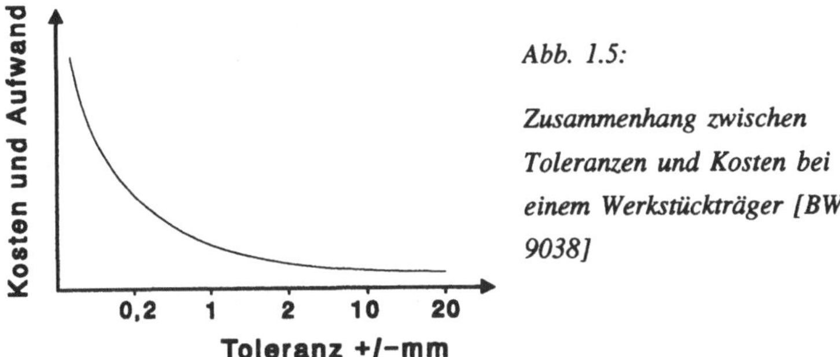

Abb. 1.5:

Zusammenhang zwischen Toleranzen und Kosten bei einem Werkstückträger [BW 9038]

Zur Erfassung von Positionsungenauigkeiten und Toleranzen wurde bereits eine Vielzahl von Sensoren entwickelt. Man unterscheidet grundsätzlich zwischen einfachen Sensoren, wie Näherungsschaltern, und komplexen Sensorsystemen, wie Bildverarbeitungssystemen oder Abstandssensoren. Der Einstieg in die flexible Automatisierung ist bereits mit erheblichen Kapitalaufwendungen verbunden. Erfordert eine Automatisierungslösung eine aufwendige Sensorik, so fallen zusätzliche Kosten an. Außerdem entsteht ein äußerst komplexes Gesamtsystem, das in der Regel hinsichtlich Störungen sehr unüberschaubar wird und welches nur durch Fachpersonal instandgehalten werden kann. Komplizierte, sensorunterstützte Roboteranwendungen benötigen häufig sehr lange Montagezeiten im Vergleich mit starr programmierten Systemen [HOSS 91]. Das Investitionsrisiko ist entsprechend hoch.

Orientierungsänderungen des Roboterwerkzeuges bei komplexen Bewegungsabläufen bewirken zudem hohe Ausführungszeiten. Beim Laserschweißen (Abb. 1.3) führt beispielsweise die Umorientierung der Schweißdüse an den Kanten zu Totzeiten, in denen keine Bearbeitung erfolgen kann. Diese lange Taktzeiten wirken sich negativ in der Kostenrechnung aus.

1.2.3 Resümee

Der Automatisierungsgrad in der Montage ist aufgrund technischer und wirtschaftlicher Hemminsse sehr gering. Die Automatisierung komplizierter Bewegungsabläufe in Verbindung mit einem Sensorsystem kann zu einem sehr komplexen Gesamtsystem führen. Hohe Kosten und geringe Verfügbarkeit sind die Folge. Ziel sind daher funktionelle und einfache Produktionsmittel, um bei steigender Komplexität der Gesamtsysteme die Beherrschbarkeit zu erhöhen und die Fehlerhäufigkeit und die Auswirkungen von Störungen zu senken [VOER 91]. Es gilt die Komplexität zu verringern und sie zu beherrschen. Der Einsatz passiver Toleranzausgleichsmechanismen, sog. komplienter Systeme [SCHU 89], kann hier einen entscheidenden Beitrag leisten.

1.3 Lösungsansätze: aktiver und passiver Toleranzausgleich

Beim Toleranzausgleich unterscheidet man prinzipiell zwischen aktiven und passiven Methoden. Beim aktiven Toleranzausgleich werden im allgemeinen die Abweichungen zwischen der bestehenden und einer gewünschten Position mit Hilfe von Sensoren erfaßt, diese an die Robotersteuerung übertragen und die Roboterbewegung entsprechend korrigiert. Der passive Toleranzausgleich arbeitet mit nachgiebigen Werkzeugaufhängungen. Diese Systeme sind in der Regel mit einfachen mechanischen Konstruktionselementen, wie Elastomeren, aufgebaut. Beim Fügeprozeß entstehen entsprechend Abbildung 1.6 durch den Kontakt zwischen Bauteil und Fase Kräfte, die eine Toleranzausgleichsbewegung bewirken. Abbildung 1.6 zeigt den Vergleich zwischen dem aktiven und dem passiven Toleranzausgleich. Während beim aktiven Toleranzausgleich die Roboterbewegung beeinflußt wird, hat der passive Toleranzausgleich keinen Einfluß auf die Roboterbewegung.

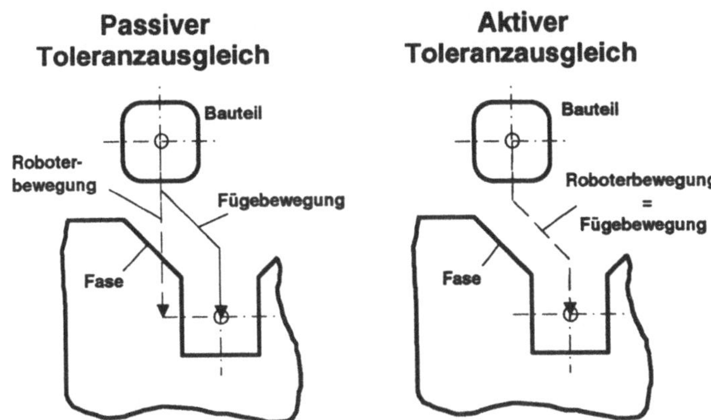

Abb. 1.6: Vergleich zwischen aktivem und passivem Toleranzausgleich [MAIE 88]

1.4 Stand der Technik

Auf dem Gebiet des passiven Toleranzausgleichs wurde bereits eine Vielzahl von Untersuchungen durchgeführt und verschiedene Methoden und Systeme entwickelt. [FARN 89] unterscheidet unterschiedliche physikalische Prinzipien für den passiven Toleranzausgleich (Abb. 1.7). Während für die Funktionsweise beim Einsatz von nachgiebigen Elementen und bei der schwimmenden Lagerung Fasen an einem der zu fügenden Bauteile notwendig sind, können die Prinzipien mit Luftströmung, Schwingungsunterstützung und Magnettechnik Toleranzen im Mikrometerbereich an Bauteilen ohne Fasen kompensieren. Allerdings weisen diese Prinzipien eine Reihe von Unsicherheitsfaktoren beim Fügeprozeß auf, so daß sie in der Praxis kaum eingesetzt werden. Mit Hilfe gesteuerter Vibrationen erfolgt beispielsweise die Montage von Ventilkolben mit einem Fügespiel von bis zu 0.001 mm [WARN 90]. Allerdings ist eine sensorische Überwachung während der Suchbewegung nötig, um Kollisionen zu verhindern.

Im Gegensatz dazu stellt die Methode des passiven Toleranzausgleichs mit Hilfe nachgiebiger Elemente eine weitverbreitete Lösung dar. Das bekannteste System stellt das 1977 am Charles Draper Institut in Boston entwickelte

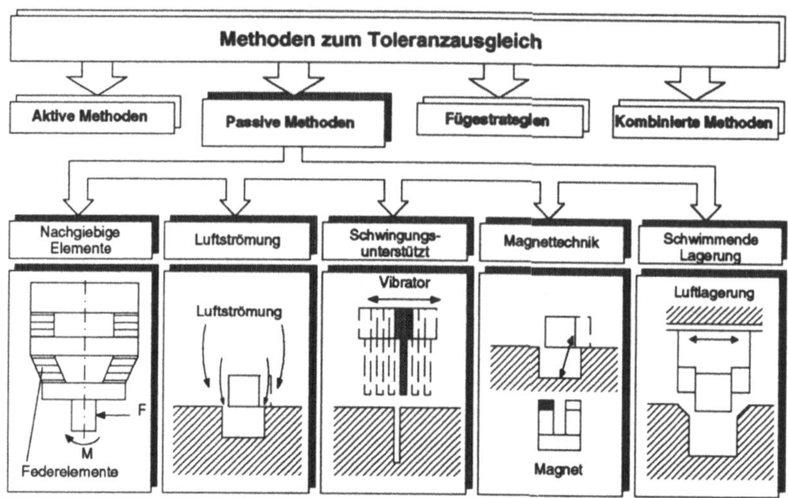

Abb. 1.7: Methoden zum passiven Toleranzausgleich [FRAN 89]

RCC-System - Remote-Center-Compliance - dar [DRAK 77, WHIT 79]. Die Funktionsweise zeigt Abbildung 1.8. Das System besteht aus Scherelementen aus einem Elastomerwerkstoff, die in Schubrichtung sehr weich und in Druckrichtung nahezu starr reagieren. Das System ist so aufgebaut, daß die beim Auftreffen des Bauteils an der Fase entstehende Reaktionskraft den Bolzen translatorisch in Richtung der Bohrung verschiebt. Winkelabweichungen werden durch das während des Fügeprozesses entstehende Moment kompensiert. Basierend auf diesem Konzept wurde eine Vielzahl von Systemen vorgestellt, die sich in der konstruktiven Ausführung sowie den elastischen Elementen voneinander unterscheiden. So wurden Systeme wie das PCD-Modul (Passiv Compliance Device) [MCCA 79], das System von CUTKOSKY [CUTK 85] oder das DCR-LAI Device [FAKR 84] bekannt. Die Variante des von CUTKOSKY realisierten komplienten Systems arbeitet mit fluidgefüllten Gummikugeln als elastische Elemente. Durch die Variation des Innendrucks können der Grad der Elastizität des Systems sowie das Nachgiebigkeitszentrum verändert werden.

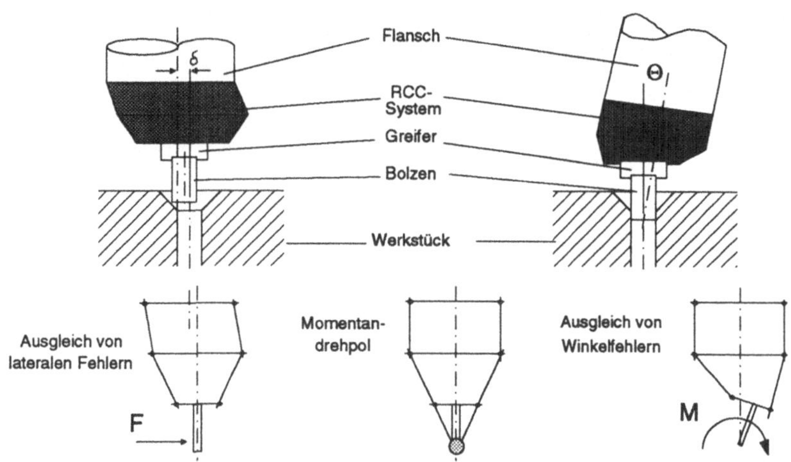

Abb. 1.8: Funktionsweise des RCC-Systems [MAIE 88]

Neben Berechnungsgrundlagen für die Elastomerelemente bei RCC-Systemen wurden mechanische Modelle für die Berechnung der Fügekräfte aufgestellt und durch experimentelle Untersuchungen bestätigt [JACO 82, HAMM 88].

Die Koppelung passiver Toleranzausgleichssysteme mit sensorischer Überwachung führte zu Entwicklungen wie dem modularen aktiven Greifer-/Sensorsystem (MAGS) [WARN 87], der Hi-T-Hand von Hitachi [NEVI 80] und dem Instrumented Remote-Center-Compliance-System (IRCC) [DEFA 84]. Mit diesen Systemen lassen sich Fügekräfte überwachen und der Fügeprozeß aktiv beeinflussen. Eine Kollision führt beispielsweise zum Abbruch des Fügevorganges.

Die angesprochenen Prinzipien des passiven Toleranzausgleichs sind geeignet, einen Bolzen in eine Bohrung zu fügen. Speziell das RCC-Element wurde als Standardelement weiterentwickelt und ist inzwischen handelsüblich [SCHN 92, IPR 92].

Trotz dieser Standardisierung gibt es eine Vielzahl spezieller, dem Fügeproblem angepaßter Lösungen für den passiven Toleranzausgleich. Dabei handelt es sich häufig um einfache elastische Aufhängungen des zu fügenden Bauteils am Industrieroboter. In [RIES 88] wird für den passiven Toleranzausgleich beim Fügen eines Klip in ein Türblech ein einfacher Elastomer verwendet, der sich zwischen Fügewerkzeug und Bauteil befindet. Dadurch reduzieren sich die nötigen Fügekräfte sowie die Bauteilbelastungen. Im Fall der Montage von Linsen in Objektive optischer Geräte wird in [GEBA 92] die konvexe Geometrie der Linsen für den passiven Toleranzausgleich genutzt (Abb. 1.9). Ein geringer Unterdruck im Sauggreifer und die Form der Linse ergibt die nötige Kinematik, um Winkeltoleranzen zu kompensieren.

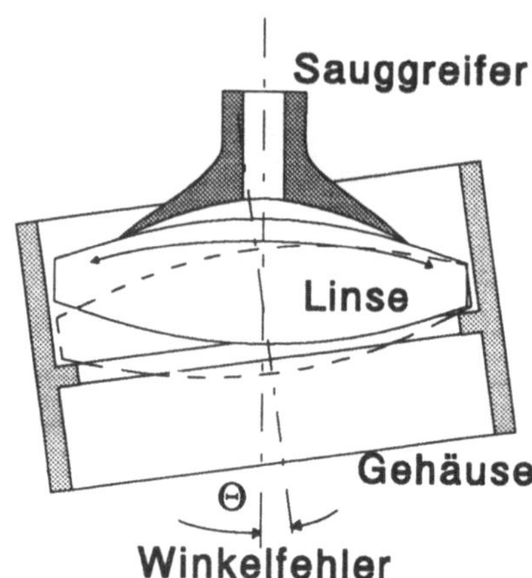

Abb. 1.9: Passiver Toleranzausgleich beim Fügen einer Linse [GEBA 92]

Nachgiebige Systeme treten auch im Bereich der Montage elektronischer Bauteile auf. Beim Bestücken elektronischer Bauteile stellen Federstahldrähte mit einem Durchmesser von 4 mm die einzige Verbindung zwischen Greifer und Roboter dar. Diese Nachgiebigkeit gleicht in Verbindung mit einer Zentrierplatte Lagetoleranzen aus [LIST 88]. Für den selben Einsatzzweck - Bestücken elektronischer Bauteile - verwendet [WOLF 88] eine spezielle Luftlagerung für den Toleranzausgleich.

Andere Anforderungen an den Toleranzausgleich stellt beispielsweise die Montage flächiger Bauteile. Aufgrund der großen Ausdehnung des flächigen Bauteils wirken sich Winkeltoleranzen beim Greifen und Fügen überproportional aus [GOET 91]. Außerdem besteht aufgrund der flächig ausgedehnten Greifer die Gefahr, daß sich beim Einwirken bereits geringer Beschleunigungskräfte die elastische Greiferaufhängung bewegt und unerwünschte Lageveränderungen bewirkt. In [GOET 91] wird deswegen ein System vorgeschlagen, das die nachgiebigen Elemente im System mechanisch verriegeln kann. Dazu sind allerdings zusätzliche mechanische Komponenten sowie die entsprechende Steuerung nötig.

Kompliente Systeme werden allerdings nicht nur bei einfachen Fügeaufgaben eingesetzt, um Toleranzen zu kompensieren, sondern auch bei komplexeren Fügeoperationen. Hier werden dem komplienten System, neben dem Toleranzausgleich, häufig weitere Aufgaben übertragen. Während beispielsweise beim automatischen Schrauben von [MAIE 86] eine elastische Aufhängung des gesamten Schraubers bzw. nur der Spitze des Schraubers vorgeschlagen wird, steht in [WARN 90a] die Entwicklung eines speziellen Membran-Kompensator-Element - engl. Near-Collet-Compliance (NCC) - im Vordergund. Diese Membran aus Federstahl kompensiert Lagetoleranzen und ist elastisch in Schraubrichtung. Die Vorschubbewegung beim Schrauben übernimmt das NCC-Element. Dadurch sind die Drehbewegung und die Vorschubbewegung entkoppelt. Ein Handhabungsgerät muß beim automatischen Schrauben dieses Werkzeug lediglich am Bauteil positionieren. Den Schraubprozeß führt eine Drehspindel in Verbindung mit dem NCC-Element aus.

Kompliente Systeme werden weiterhin eingesetzt, wenn der Roboter als Bewegungsapparat ein Werkzeug, beispielsweise ein Entgratwerkzeug [SEID 90] oder ein Werkzeug zum Verlegen eines Ziergummis an einer Pkw-Scheibe [HOSS 92], entlang einer Bauteilkontur bewegen muß. In diesem Fall fährt der Roboter komplexe Bahnen ab. Der Einsatz komplienter Systeme soll die Bahnabweichungen des Roboters zum Werkstück ausgleichen, konstante Anpreßkräfte an das Werkstück gewährleisten sowie die Roboterprogrammierung vereinfachen.

Die Vielfalt der entwickelten Toleranzausgleichssysteme zeigt, daß es zwar im Bereich der komplienten Systeme sehr viele Lösungsansätze für spezielle Problemstellungen gibt, für den Einsatz, die Auswahl und die Konstruktion aber kaum Ansatzpunkte existieren.

Ein Hilfsmittel in Form einer Rechnerunterstützung für die Entwicklung nachgiebiger Werkzeugaufhängungen wird nur von [SCHU 89] vorgestellt. Das grundlegende Konzept besteht darin, daß sich ein Bauteil durch genau eine rotatorische und eine translatorische Bewegung von einer Lage in eine beliebige andere Lage überführen läßt [MAGN 79]. Dabei wird in ein Bewegungssimulationssystem die Ist-Lage eines Bauteils sowie die Soll-Lage eingegeben, daraus die nötige Rotation und Translation ermittelt und ein entsprechendes Toleranzausgleichsmodul konfiguriert. Die Grundlage für die rechnergestützte Konstruktion bilden drei verschiedene kinematische Module (Abb. 1.10). Für jede Ausgleichsbewegung ist ein spezielles Toleranzausgleichsmodul nötig. Das so entwickelte Toleranzausgleichssystem ist in der Lage, genau eine Ausgleichsbewegung auszuführen. Sollen unterschiedliche Bewegungen implementiert werden, führt diese Methode sehr schnell zu einem äußerst aufwendigen System. Außerdem können gerade Kinematiken mit ideeller Rotationsachse kaum so realisiert werden, daß sie ein günstiges Ansprechverhalten aufweisen. Bei der Konzeption des Toleranzausgleiches wird davon ausgegangen, daß das Ausgleichsmodul zentral zwischen Roboterflansch und Robotergreifer eingebaut wird. Bei Bauteilen mit mehr als einer Fügestelle kann sich jedoch in Abhängigkeit vom Erstberührpunkt die Lageabweichung an einer Fügestelle zusätzlich vergrößern.

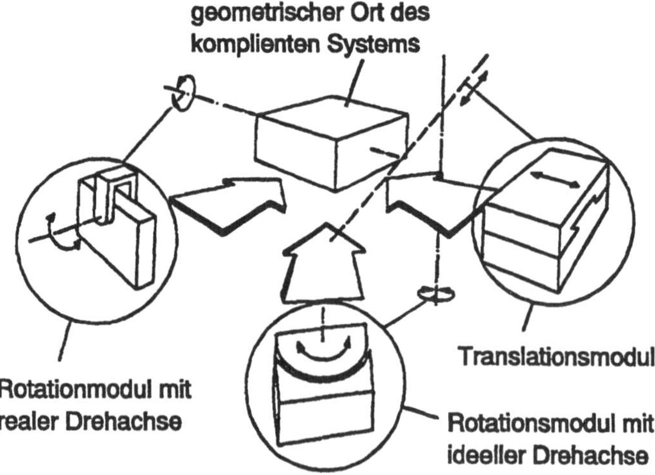

Abb. 1.10: Module mit verschiedenen Kinematiken [SCHU 90]

1.5 Ziele der Arbeit und Vorgehensweise

Der Stand der Technik zeigt deutlich die vielseitigen Anwendungsgebiete für kompliente Systeme auf. Allerdings gibt es kaum Ansatzpunkte für eine methodische Vorgehensweise bei der Konzeption komplienter Systeme. Ziel der vorliegenden Arbeit ist es daher, die unterschiedlichen Einsatzbereiche für kompliente Systeme aufzuzeigen sowie Vorgehensweisen und Richtlinien für deren Konzeption zu erarbeiten. Wesentliche Ziele beim Einsatz komplienter System sind

- der passive Toleranzausgleich bei einfachen Bewegungen und
- die Bewegungsvereinfachung bei komplexen Bewegungen.

Gerade bei komplexen Bewegungen lassen sich durch den Einsatz komplienter Systeme Automatisierungshemmnisse abbauen und die Wirtschaftlichkeit einer Automatisierungslösung erhöhen. Neben der Wirtschaftlichkeitssteigerung werden einfache und beherrschbare Automatisierungskonzepte erzeugt und dadurch die Komplexität verringert.

Nach einer Analyse der unterschiedlichen Fügeprozesse sowie der Erarbeitung der Grundlagen für den Einsatz komplienter Systeme werden die Einsatzgebiete strukturiert und die Ziele abgeleitet. In Form von Konstruktions- und Lösungskatalogen werden Vorgehensweisen und Richtlinien für die Konzeption komplienter Systeme aufgezeigt. Entsprechend der Strukturierung der Einsatzbereiche stehen zwei Schwerpunkte im Vordergrund. Das ist zum ersten die Konzeption des passiven Toleranzausgleichs beim Fügen von Bauteilen mit mehr als einer Fügestelle und zum zweiten der Einsatz komplienter Systeme bei komplexen Bewegungen. Dabei wird die Variantenvielfalt unterschiedlicher Einsatzmöglichkeiten an Hand ausgewählter Einsatzbeispiele aufgezeigt.

Die Berücksichtigung der durch den Einsatz komplienter Systeme erzielbaren Effekte erfolgt in einer erweiterten Kostenvergleichsrechnung. Neben den Wirtschaftlichkeitsbetrachtungen in Form einer Kostenrechnung erfolgt im Rahmen der Arbeit die Berücksichtigung der nicht monetär bewertbaren Faktoren in einer Nutzwertanalyse.

2 Grundlagen und Strukturierung komplienter Systeme

2.1 Einleitung

Aus dem Stand der Technik wird bereits ersichtlich, daß kompliente Systeme häufig eingesetzt werden, um bei einer Fügeoperation Toleranzen zu kompensieren und um den Steuerungsaufwand zu reduzieren. Es gibt allerdings kaum Ansatzpunkte für eine strukturierte Vorgehensweise beim Einsatz komplienter Systeme. Aus diesem Grund werden im weiteren die Grundlagen analysiert, die Einsatzbereiche strukturiert und die Zielgrößen für den Einsatz komplienter Systeme abgeleitet.

2.2 Grundlagen komplienter Systeme

2.2.1 Definition und Funktionsweise

In [SCHU 90] wird als Synonym für nachgiebige Werkzeugaufhängungen der Begriff kompliente Systeme verwendet. Hierunter ist ein Mechanismus für den passiven Toleranzausgleich zu verstehen, der Positionsfehler zwischen den Fügepartnern in einem Montagesystem durch nachgiebiges Ausweichen des Werkzeuges in eine definierte Richtung aufgrund der Kontaktkräfte ausgleicht. Diese Kontaktkräfte ergeben sich aus dem Kontakt der *Wirkflächen* zweier Bauteile. Die Nachgiebigkeit läßt sich nicht nur in die Werkzeugaufhängung, sondern auch in das Werkzeug oder in das Bauteil selbst legen. Neben dem Ziel des passiven Toleranzausgleichs kann der Einsatz komplienter Systeme speziell bei Automatisierungsaufgaben mit komplexen Roboterbewegungen eine Bewegungsvereinfachung darstellen. Aus diesem Grund ist eine Erweiterung der Definition nötig. Im Rahmen dieser Arbeit wird daher unter einem komplienten System allgemein ein *nachgiebiges System* verstanden, das durch das Einwirken von Kräften bzw. Momenten eine Ist-Bewegung in eine Soll-Bewegung übergeführt.

Die Soll-Bewegung wird durch das zu fügende Bauteil und dessen Fügepartner vorgegeben und wird benötigt, um am Bauteil Fertigungsoperationen auszuführen. Die Soll-Bewegung stellt quasi den Bewegungsbedarf dar. Demgegenüber entspricht die Ist-Bewegung dem Bewegungsangebot, also der Bewegung, die ein Handhabungsgerät bzw. ein Industrieroboter ausführen. Hierbei handelt es sich in der Regel um eine *Grobbewegung*. Die Differenz zwischen Ist-Bewegung und Soll-Bewegung, also die Differenz zwischen Bewegungsbedarf und Bewegungsangebot, entspricht einer *Feinbewegung*, die die Komplienz übernimmt. Die technische Systembeschreibung erfolgt durch die Funktionsstruktur (Abb. 2.1) [PAHL 86]. Eingangsgrößen sind die Bewegung A als Stoffumsatz und Kräfte und/oder Momente als Energieumsatz. Sie bewirken, daß die Bewegung A in eine Bewegung B übergeführt wird.

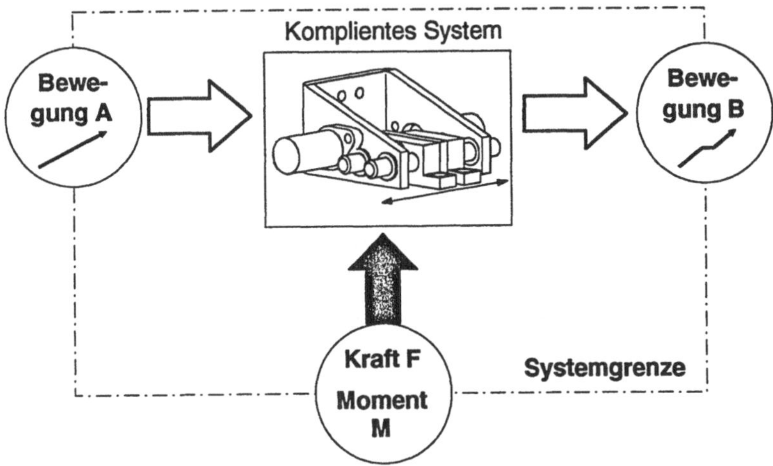

Abb. 2.1: Funktionsstruktur eines komplienten Systems

2.2.2 Voraussetzungen für den Einsatz komplienter Systeme

Während beim aktiven Toleranzausgleich Lageabweichungen des Roboters mit Hilfe von Sensoren erfaßt, diese an die Robotersteuerung übergeben und die Roboterbewegungen entsprechend korrigiert werden, übernimmt beim passiven Toleranzausgleich ein nachgiebiges System den Ausgleich von Positionsabweichungen. Voraussetzung für den Einsatz komplienter Systeme sind Kräfte oder Momente, die während eines Fügeprozesses auftreten. Diese Kräfte bzw. Momente aktivieren die Nachgiebigkeit im System und lenken es aus. Sie entstehen durch die Wechselwirkung zwischen den beiden zu fügenden Bauteilen. Abbildung 2.2 zeigt verschiedene Methoden, um die nötigen Kräfte bzw. Momente für den Einsatz komplienter Systeme zu erzeugen. Hier kommen entsprechend der Fügeproblematik starre Geometrien wie Fasen, Nuten bzw. Kanten zum Einsatz, oder es entstehen bei verformbaren Geometrien Kräfte und Momente aufgrund der Formänderung der Bauteile während des Fügeprozesses.

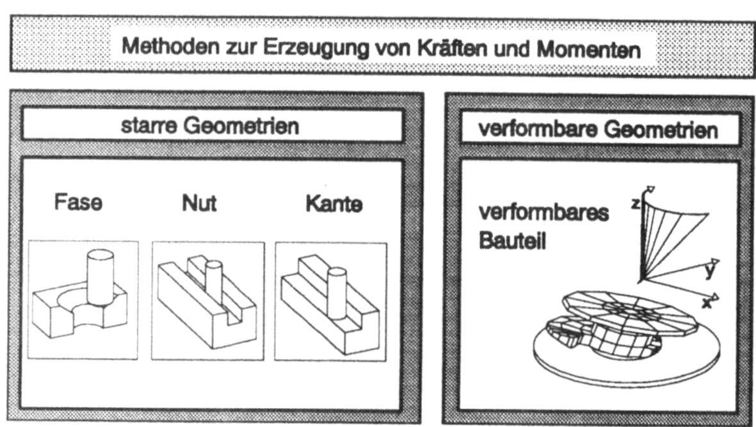

Abb. 2.2: Methoden zur Erzeugung von Kräften und Momenten für den Einsatz komplienter Systeme

Sind, wie am Beispiel des Fügens eines Ventilkolbens in ein Gehäuse (Abb. 2.3), keine Wirkflächen in Form von Fasen oder Nuten vorhanden (Abb. 2.3.1, Abb. 2.3.2), kann eine entsprechende Zentriervorrichtung, die die nötigen Fasen beinhaltet, die Grundlage für den Einsatz komplienter Systeme schaffen. Die Zentriervorrichtung (Abb. 2.3.3) besitzt an der einen Seite eine Fase zur Aufnahme des Ventilkolbens, an der anderen Seite die entsprechende Fase, um die Zentriervorrichtung am Gehäuse zentrisch anzusetzen.

Eine andere Möglichkeit der Zentrierung des Ventilkolbens zum Gehäuse ist das Fügen des Kolbens mit einem speziellen Greifmechanismus von unten

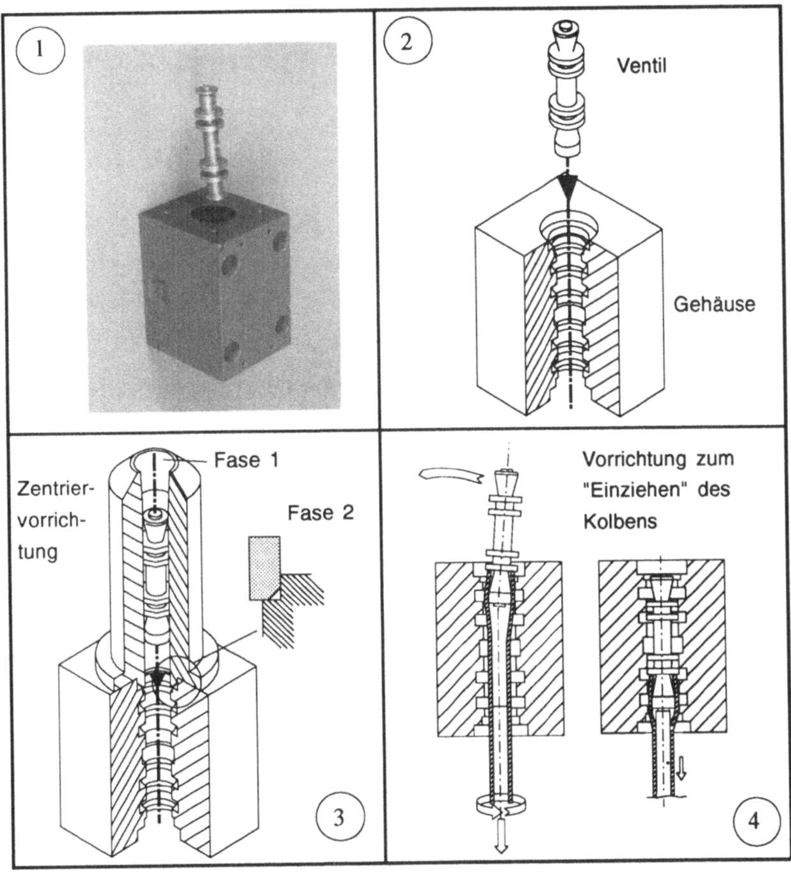

Abb. 2.3: Einsatz nachgiebiger Systeme am Beispiel der Ventilkolbenmontage

(Abb. 2.3.4). In diesem Fall wird der Ventilkolben ebenfalls zentriert und in das Gehäuse gezogen. Der Kolben richtet sich automatisch entsprechend der Orientierung des Ventilgehäuses aus.

In der Montage wird in der Regel kein Formgebungsprozeß vollzogen. Dieser erfolgt in einem vorgeschalteten Fertigungsprozeß der Teilefertigung. Die so entstandenen Bauteilgeometrien dienen als Eingangsgrößen beim Einsatz komplienter Systeme. Die beispielsweise durch einen Gießprozeß erzeugte Bauteilgeometrie kann genutzt werden, um ein Werkzeug passiv entlang der Bauteilkontur zu führen.

2.2.3 Kräfte beim Bauteilkontakt

Der Einsatz nachgiebiger Systeme basiert auf Wechselwirkungen zweier Bauteilwirkflächen. Die Zusammenhänge der entstehenden Kräfte und Momente werden am Beispiel des Fügens eines Bolzens in eine Bohrung ermittelt. Dabei sind zwei Fälle, der Einpunktkontakt und der Zweipunktkontakt, zu berücksichtigen.

2.2.3.1 Einpunktkontakt

Ist beim Fügen eines Bolzens in eine Bohrung ein translatorischer Positionsversatz vorhanden, so ergibt sich ein Kontakt zwischen dem Bolzen und der Fase an der Bohrung (Abb. 2.4). Man spricht vom Einpunktkontakt. An der Kontaktstelle herrscht ein Kräftegleichgewicht. Die Reaktionskräfte sowie deren Kraftrichtungen sind nur vom dem Fasenwinkel α und dem Reibwert μ, der sich zwischen dem Bolzen und der Fase ergibt, abhängig. Die Reaktionskraft F_{res} läßt sich in eine horizontale Kraft F_x und in eine vertikale

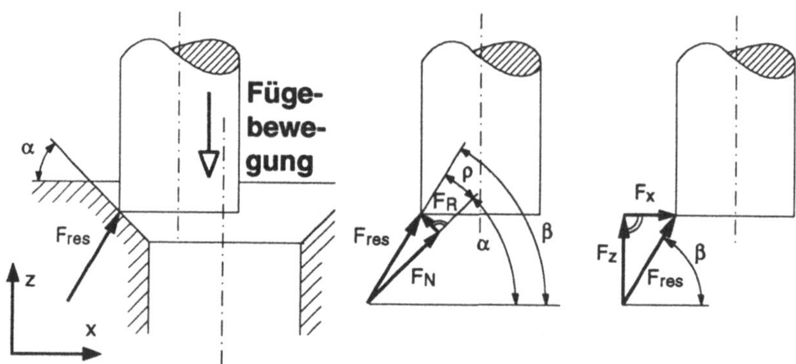

Abb. 2.4: Kraftverhältnisse beim Einpunktkontakt am Beispiel der Bolzen-Bohrungs-Problematik [ARAI 81]

Kraft F_z zerlegen. Der horizontale Kraftanteil F_x kann für den passiven Toleranzausgleich genutzt werden. Der vertikale Kraftanteil F_z stellt die Kraft in Fügerichtung dar. Das Verhältnis zwischen F_x und F_z weist eine konstante Größe auf ($F_x/F_z = \cot \beta = \text{const.}$). Die Kraftrichtung von F_{res} bleibt während des Fügevorganges bei einer statischen Betrachtung und einer geraden Fase konstant.

2.2.3.2 Zweipunktkontakt

Der Zweipunktkontakt liegt vor, wenn kein translatorischer Postitionsfehler, sondern ein rotatorischer Fehler einen Fügeprozeß behindert (Abb. 2.5). Während der passiv maximal kompensierbare Fehler beim Einpunktkontakt durch die Größe der Fase begrenzt wird, hängt der maximal kompensierbare rotatorische Fehler von der Passung und den Reibungsverhältnissen einer Verbindung ab. Die Kraftverhältnisse beim Zweipunktkontakt wurden bereits von [SIMU 79, DRAK 77] näher behandelt und die Bereiche aufgezeigt, in denen ein Fügeprozeß möglich ist und in denen Selbsthemmung beim Fügeprozeß auftritt. Aufgrund des Winkelfehlers Θ ergeben sich nach Abbildung 2.7 zwei resultierende Kräfte F_{res1} und F_{res2}. Dieses Kräftepaar erzeugt das Moment M, das den Winkelfehler aufhebt. Enge Passungen führen bei einem Winkel-

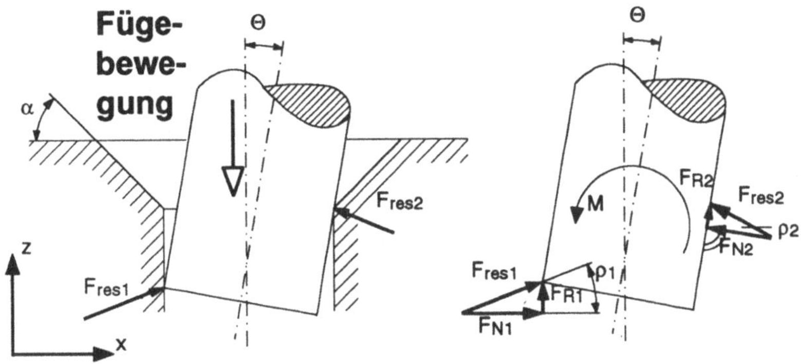

Abb. 2.5: Kraftverhältnisse beim Zweipunktkontakt am Beispiel der Bolzen-Bohrungs-Problematik [SIMU 79]

fehler zu einer sehr geringen Eindringtiefe des Bolzens in die Bohrung. Der Abstand der Kontaktpunkte ist daher sehr gering und das resultierende Moment entsprechend klein.

2.2.3.3 Zusammenhang zwischen den Kräften am Bauteil und den Kräften im Toleranzausgleichssystem am Beispiel des RCC-Systems

Bei der Problematik des Fügens eines Bolzens in eine Bohrung kann das bereits erwähnte RCC-System als Standardtoleranzausgleichssystem angesehen werden. Es können damit translatorische Toleranzen bis zu ca. 3 mm und rotatorische Toleranzen bis zu ca. 3° kompensiert werden.

Das RCC-System besitzt die in Abbildung 2.6 charakteristische Kennlinie. Die *Ausgleichskraft* verhält sich direkt proportional zum *Ausgleichsweg*. Die Ausgleichskraft wird durch die resultierende Kraft F_{res} an der Fase erzeugt. Eine 45° Fase weist im Gegensatz zur Kennlinie des RCC-Systems einen konstanten Verlauf auf. Die sich daraus ergebende Problematik verdeutlicht folgendes Rechenbeispiel.

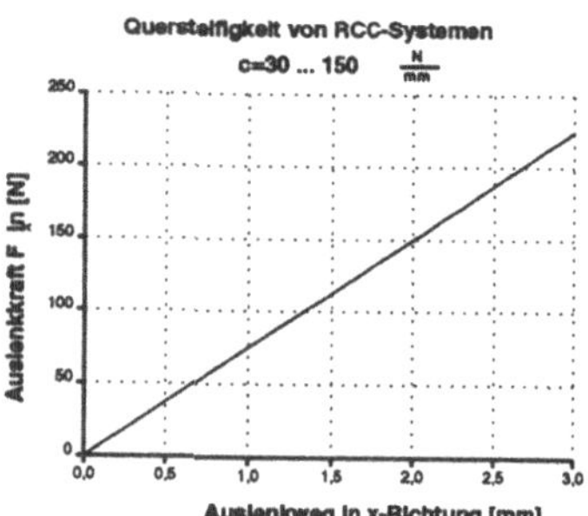

Abb. 2.6: Kennlinie des RCC-Systems [SCHN 92]

Die Kompensation eines translatorischen Fehlers von 3 mm benötigt eine Kraft in x-Richtung von 225 N (s.a. Abb. 2.4). Durch den Zusammenhang zwischen der Kraft in x-Richtung und in z-Richtung errechnet sich bei einem Reibwert von 0.15 und einem Fasenwinkel von 45° eine Kraft in z-Richtung von 304 N. Das bedeutet, es ist eine Fügekraft von 304 N nötig, um lediglich das RCC-System auszulenken. Ist für die Fügeoperation eine Fügekraft von beispielsweise 100 N nötig, werden die Bauteile höher beansprucht. Zusätzlich ist ein Handhabungssystem für höhere Belastungen nötig.

2.2.4 Fasencharakteristik

Während der Toleranzausgleichsbewegung bewegt sich das zu fügende Bauteil entlang der Fase des Fügepartners. Dabei spielt die Fasengeometrie für die Kraftaufteilung der resultierenden Reaktionskraft F_{res} die entscheidende Rolle. Jeder Fasengeometrie entspricht daher eine Kennlinie der Kraftverläufe in horizontaler und vertikaler Richtung. Die Abbildung 2.7 zeigt den Vergleich zwischen einer geraden, konvexen und konkaven Fasengeometrie. Bei der regulären geraden Fase ergeben sich konstante Kraftkennlinien für die Fügekraft F_z und die Toleranzausgleichskraft F_x. Die Kraftverläufe gekrümmter Fasen gehorchen trigonometrischen Funktionen. Während die Toleranzausgleichskraft F_x bei der konvexen Fase mit zunehmendem Toleranzausgleichsweg ansteigt und damit die Fügekraft abfällt, verhält es sich bei der konkaven Fase genau umgekehrt.

Um die Kennlinie des RCC-Systems durch eine entsprechende Fase anzupassen, wäre in diesem Fall eine konvexe Fase nötig. Dadurch ließe sich die Ausgleichskraft F_x entsprechend der steigenden Kraft des RCC-Systems kom-

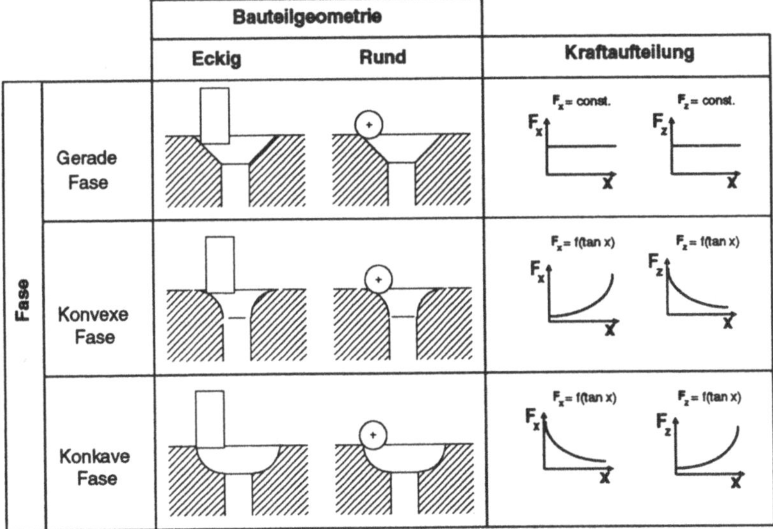

Abb. 2.7: Charakteristische Kennlinien unterschiedlicher Fasen

pensieren. Aus Gründen der einfachen Fertigung sollte jedoch auf die gerade Fase zurückgegriffen werden.

2.2.5 Toleranzausgleichsgröße

Der beim passiven Toleranzausgleich *maximal kompensierbare Fehler* hängt entscheidend von der *Fasengröße f* und der Bauteilgeometrie ab. Dieser Einfluß ist in Abbildung 2.8 dargestellt. Bei einem Bauteil mit eckiger Geometrie können Toleranzen kompensiert werden, die maximal die Fasengröße f aufweisen. Demgegenüber vergrößert sich bei einem runden Bauteil dieser Toleranzausgleichsweg um den Faktor r · (1-sin α). Der Grenzwinkel ergibt sich aus der Tangente des Fasenwinkels an das runde Bauteil. In diesem Bereich herrscht eine konstante Ausgleichskraft in x-Richtung.

Die Betrachtungen der Kraftverhältnisse am Einpunktkontakt und am Zweipunktkontakt lassen bereits erkennen, daß der passive Toleranzausgleich zum Kompensieren translatorischer Fehler (Einpunktkontakt) im Vergleich zu rotatorischen Fehlern (Zweipunktkontakt) besser geeignet ist. Das bedeutet, es lassen sich große translatorische Fehler und nur kleine rotatorische Fehler passiv ausgleichen. Kleine Fehlergrößen, die sich im Bereich von 0 mm bis ca. 3 mm bzw. von 0° bis ca. 3° bewegen, lassen sich häufig durch einfache

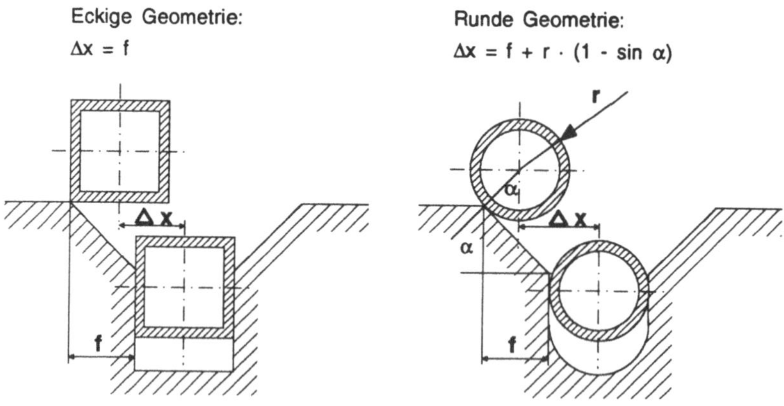

Abb. 2.8: Einfluß des Bauteils auf die Toleranzausgleichsgröße

Nachgiebigkeiten in Form von Elastomerelementen kompensieren. Für größere Fehlergrößen bis ca. 10 mm bzw. 10° und mehr sind meist Ausgleichskinematiken in Form von speziellen Führungen nötig. Dementsprechend werden kleine Fehlergrößen als *Fehler zweiter Ordnung* und größere Fehlergrößen als *Fehler erster Ordnung* bezeichnet. Analog zu dieser Unterteilung kann beim passiven Toleranzausgleich bezüglich der zu kompensierenden Fehlergröße für Fehler erster Ordnung von einer *Ausgleichsbewegung erster Ordnung* und für Fehler zweiter Ordnung von einer *Ausgleichsbewegung zweiter Ordnung* gesprochen werden.

2.3 Aufbau komplienter Systeme (Komponenten)

Ein komplientes System besteht entsprechend Abbildung 2.9 in der Regel aus maximal drei unterschiedlichen Komponenten. Die zentrale Rolle spielt die *Nachgiebigkeit.* Diese setzt sich aus der *Kinematik* und den *Nachgiebigkeitselementen* zusammen. Der Flansch dient als mechanische Schnittstelle.

- Flansch:

Das Toleranzausgleichssystem wird in der Regel zwischen Roboterflansch und Greiferkomponente eingebaut. Um das System sowie den Greifer befestigen zu können, wird eine mechanische Schnittstelle, der Flansch, vorgesehen. Im Bereich der Roboterflansche gibt es bereits Standardisierungsbestrebungen [WARN 79]. Für Greifer und kompliente Systeme sind solche noch nicht bekannt.

- Kinematik:

Um Toleranzen ausgleichen zu können, ist die im komplienten System realisierte Kinematik von Bedeutung. Aufgrund der während eines Fügeprozesses wirkenden Kräfte soll das System entsprechend einer definierten Bewegung ausweichen.

- Nachgiebigkeitselemente:

Während die Kinematik lediglich eine definierte Ausgleichsbewegung zuläßt, verleihen die Nachgiebigkeitselemente dem Toleranzausgleichssystem die nö-

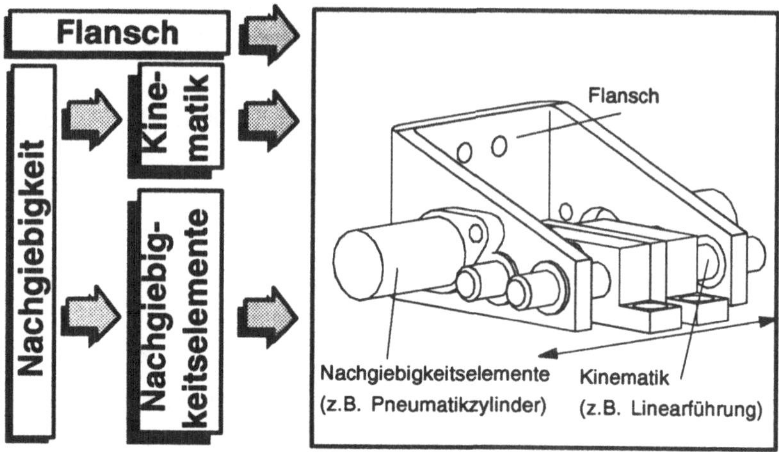

Abb. 2.9: Komponenten eines komplienten Systems

tige Ausgleichscharakteristik. Ein definiertes Ausgleichsverhalten kann so erreicht werden.

Das compliante System kann mit weiteren Komponenten ausgestattet werden, die zusätzliche Funktionen übernehmen. Hierzu zählen aktorische und sensorische Eigenschaften, mit denen sich beispielsweise eine Kollisionsüberwachung durchführen läßt.

- Aktor:

In einigen Fällen kann ein Aktor vorzusehen werden. Der Aktor erweitert die ausschließliche Funktion des Toleranzausgleichs um zusätzliche Funktionen wie Schwingungsanregung des Systems beim Fügen oder Verriegeln des Systems bei schnellen Positionierbewegungen.

- Sensorik:

Das Toleranzausgleichssystem läßt eine Bewegung des Greifers relativ zum Roboter zu. Diese Bewegung kann in Verbindung mit Sensoren dazu dienen, Aussagen über den Fügeprozeß zu erhalten. Bei einer Kollision läßt sich ein Fügeprozeß beispielsweise abbrechen und gegebenenfalls an einer benachbarten Stelle ein zweites mal beginnen.

- Steuerung:

Sind Funktionen wie Verriegelungsmechanismen oder Schwingungsanregung im System integriert, ist eine Steuerung dieser Mechanismen nötig. In der Regel übernimmt die Robotersteuerung diese Aufgabe.

Diese zusätzlichen Funtionen sind optional und zählen nicht zum komplienten System.

2.4 Strukturierung der Einsatzbereiche komplienter Systeme

Die Planung einer automatischen Montageanlage mit einem Industrieroboter als Bewegungsapparat gestaltet sich als komplexe Aufgabe [DIES 88]. Zur Zeit beruht die Einsatzplanung von programmierbaren Handhabungsgeräten noch weitgehend auf den individuellen Erfahrungen des jeweiligen Montageplaners und führt daher in der Regel nicht zum optimalen Ergebnis [WARN 84].

Für die Produktkonstruktion, beispielsweise für die Auswahl einer Wellen-Naben-Verbindung, gibt es oftmals vorgefertigte Lösungen, die in Form von Lösungssammlungen zusammengefaßt sind. Der Produktkonstrukteur verwendet so beispielsweise bei der Auswahl einer Verbindung zweier Bauteile eine vorgefertigte Lösung, ohne zu wissen, welche Auswirkungen sie auf die Automatisierung der Montage hat. Die DIN 8593 klassifiziert das Fügen als Untergruppe der Fertigungsverfahren in unterschiedliche Fügeprinzipien (Abb. 2.10). Die verwendete Systematik unterscheidet die Hauptgruppen "Zusammensetzen", "Füllen", "An- und Einpressen", "Fügen durch Urformen", "Fügen durch Umformen", "Fügen durch Schweißen", "Fügen durch Löten", "Kleben" sowie "Textiles Fügen". Für den Einsatz komplienter Systeme ist diese Einteilung für das weitere Vorgehen ungeeignet, da beispielweise unterschiedliche Fügeverfahren gleiche kinematische Bewegungsabläufe zur Folge haben und die selben Anforderungen an das kompliente System stellen können.

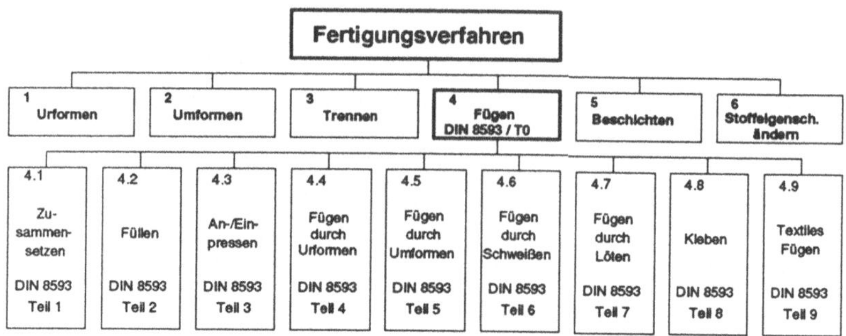

Abb. 2.10: Einteilung der Fertigungsverfahren nach [DIN 8593]

Wird beispielsweise eine Dichtschnur mit einer Einlegedüse mit dem Fügeverfahren "Zusammensetzen" in die Nut eines Gehäuses eingelegt oder mit dem Fügeverfahren "Kleben" an einem Bauteil eine Kleberaupe aufgetragen, sind die Anforderungen an den passiven Toleranzausgleich identisch. Entscheidend ist, daß ein Werkzeug, in diesem Fall eine Düse, entlang einer entsprechenden Bauteilgeometrie *geführt* werden muß. In gleicher Weise muß bei einem anderen Fertigungsverfahren, beispielsweise dem Entgraten (Fertigungsverfahren "Trennen" [DIN 8580]), ein Entgratwerkzeug entlang einer Bauteilkontur geführt werden. Aus kinematischer Sicht ergeben sich daher für verschiedene Fertigungsverfahren die selben Roboterbewegungen. Die Bauteilgeometrie entscheidet in beiden Fällen über die Komplexität der Roboterbewegung.

Für den systematischen Einsatz komplienter Systeme bei der Automatisierung müssen daher die Roboterbewegungen strukturiert werden. Es wird die Klassifizierung nach Abbildung 2.11 vorgeschlagen. Die Roboterbewegungen lassen sich in einfache und in komplexe Bewegungen unterteilen. Diese spalten sich wiederum in Füge- und Führungsbewegungen auf.

2.4.1 Einfache Bewegungen

Unter einfachen Bewegungen sind Bewegungen zu verstehen, die die Interpolation einer Robotersteuerung direkt ausführen kann. Darunter sind PTP-Anweisungen, lineare Bewegungen und, wenn vorhanden, Kreisbewegungen

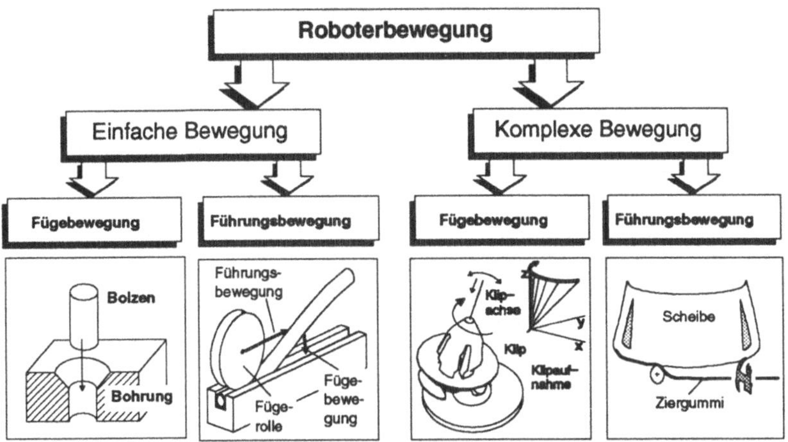

Abb. 2.11: Struktur der Einsatzbereiche für kompliente Systeme

mit Hilfe einer Circularinterpolation zu verstehen. In der Regel sind solche Anwendungen leicht beherrschbar, die Anforderungen hinsichtlich des Programmieraufwandes sind vertretbar.

2.4.2 Komplexe Bewegungen

Komplexe Bewegungen setzen sich aus einer Überlagerung von translatorischen und rotatorischen Bewegungen zusammen [WISB 90]. Sie werden in der Regel durch eine Folge von einfachen Bewegungen, meist Linearbewegungen, approximiert. Infolge der komplexen Bewegungsabläufe benötigt man eine große Anzahl von bahndefinierenden Stützpunkten, die mit großer Sorgfalt aufgenommen werden müssen [BAST 90].

2.4.3 Ermittlung der Füge- und Führungsbewegung

Neben der Unterteilung von einfachen und komplexen Bewegungen muß man zwischen *Fügebewegungen* und *Führungsbewegungen* differenzieren. Soll beispielsweise ein Bolzen in eine Bohrung gefügt werden, liegt eine Fügebewegung vor. Im Gegensatz dazu handelt es sich beim Bewegen eines Werkzeuges entlang der Kontur eines Bauteils um eine Führungsbewegung, d.h. der Roboter muß ein Werkzeug entlang einer Bauteilgeometrie führen.

Aus dem Bauteil und dem Fügepartner läßt sich die Fügebewegung sowie die nötige Roboterbewegung ableiten (Abb. 2.12). Die Roboterbewegung kann bei einfachen Bewegungen ein starres Handhabungsgerät übernehmen, sie

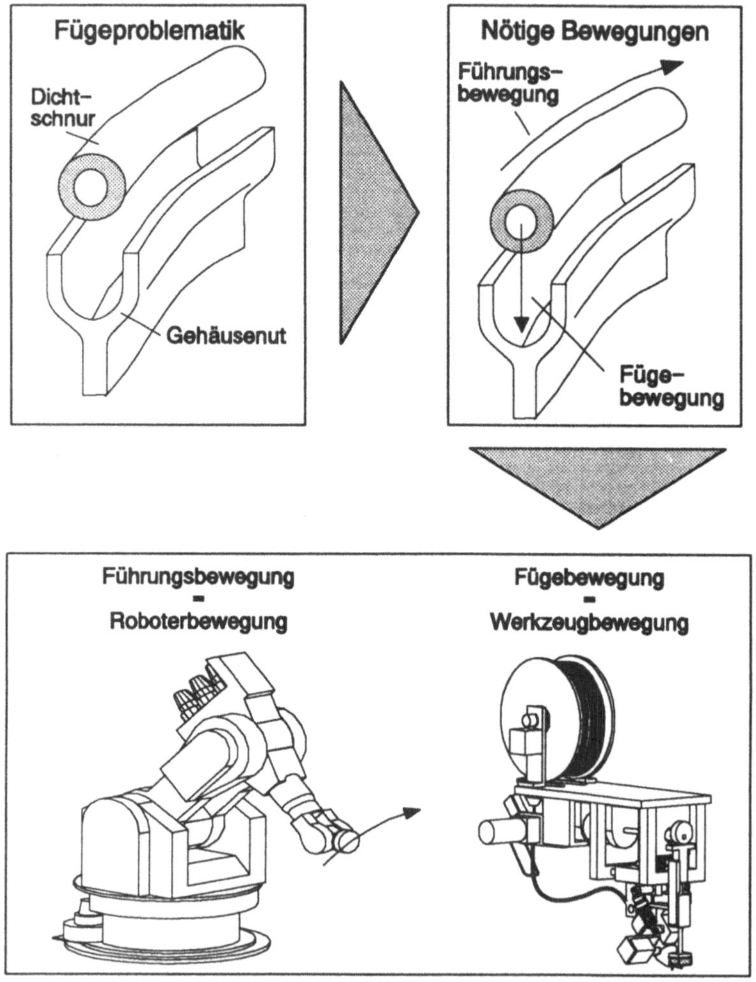

Abb. 2.12: Ermittlung der Fügebewegung und der Führungsbewegung

kann aber auch von einem freiprogrammierbaren Industrieroboter ausgeführt werden. Wird ein Bolzen in eine Bohrung gefügt, sind die Fügebewegung und die dazu nötige Roboterbewegung identisch. Im Fall der Dichtschnurmontage entsprechend Abbildung 2.12 erfolgt die Fügebewegung der Dichtschnur in die Nut linear von oben nach unten. Diese Bewegung bewerkstelligt die Einlegedüse des Werkzeuges. Die Aufgabe des Roboters besteht darin, diese Düse entlang der Nutgeometrie des Gehäuses zu führen. Es gilt also zwischen Werkzeugbewegung und Roboterbewegung zu differenzieren. Im Fall der Dichtschnurmontage übernimmt das Werkzeug die Fügebewegung und der Roboter die Führungsbewegung.

2.5 Zielgrößen für den Einsatz komplienter Systeme

Um eine Automatisierungsaufgabe wirtschaftlich und prozeßsicher zu gestalten, sind beherrschbare und möglichst einfach gestaltete Betriebsmittel einzusetzen. Zu diesem Zweck können kompliente Systeme einen wichtigen Beitrag leisten. Sie können eingesetzt werden, um Toleranzen auf einfache Weise zu kompensieren und um komplexe Bewegungsabläufe zu vereinfachen.

2.5.1 Passiver Toleranzausgleich bei einfachen Bewegungen

Bei einfachen Bewegungen hat der Einsatz komplienter Systeme das Ziel des passiven Toleranzausgleichs. Er steht damit in direkter Konkurrenz zum aktiven Toleranzausgleich. Beim passiven Toleranzausgleich ist es von Bedeutung, ob das zu fügende Bauteil entsprechend Abbildung 2.13 *eine Fügestelle* aufweist, oder ob es sich um ein Bauteil mit *mehreren Fügestellen* handelt. Während bei einer Fügestelle bereits zahlreiche Untersuchungen durchgeführt und Systeme entwickelt wurden, z.B. auch das RCC-System, gibt es für Bauteile mit mehr als einer Fügestelle kaum Lösungsansätze. Diese Thematik wird deshalb in Kapitel 4 näher erörtert. Die Fügeproblematik mit *unendlich vielen Fügestellen* liegt vor, wenn beispielsweise eine Dichtschnur in eine Gehäusenut verlegt werden muß. Eine Automatisierung erfolgt in der Regel mit einem Roboter, der ein entsprechendes Werkzeug entlang der Bauteilgeometrie führt. Ziel des Einsatzes nachgiebiger Systeme ist hier die Entkopplung

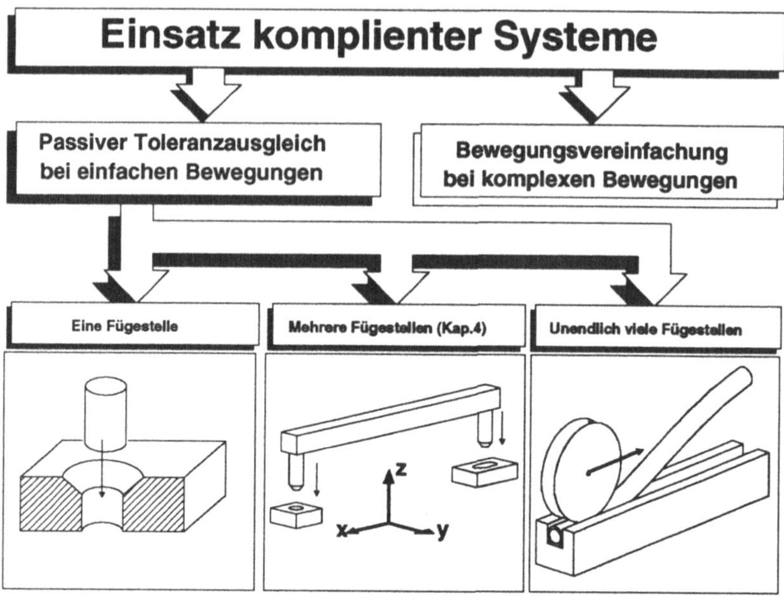

Abb. 2.13: Passiver Toleranzausgleich bei einfachen Bewegungen

der Roboterbahn von der Geometrie eines Bauteils. Auf diese Problematik wird in Kapitel 5 näher eingegangen.

2.5.2 Bewegungsvereinfachung bei komplexen Bewegungen

Gerade bei komplexen Bewegungen ergeben sich Probleme hinsichtlich Programmieraufwand, Taktzeit, Bahngeschwindigkeit, Bahngenauigkeit, etc. die sowohl aus technischen als auch aus wirtschaftlichen Gründen eine Automatisierung behindern. Hier ist der Einsatz komplienter Systeme von entscheidender Bedeutung. Es können damit im Sinne einer Bewegungsvereinfachung (Abb. 2.14) drei entscheidende Effekte erzielt werden. Erstens läßt sich bei komplexen Bewegungen der Toleranzbereich, in dem eine Roboterbewegung liegen darf, entscheidend vergrößern. Eine Bewegung kann zweitens in eine aktiv gesteuerte und eine passiv gesteuerte Bewegung aufgeteilt werden. Die Anzahl der numerisch gesteuerten Achsen reduziert sich dadurch. In einigen

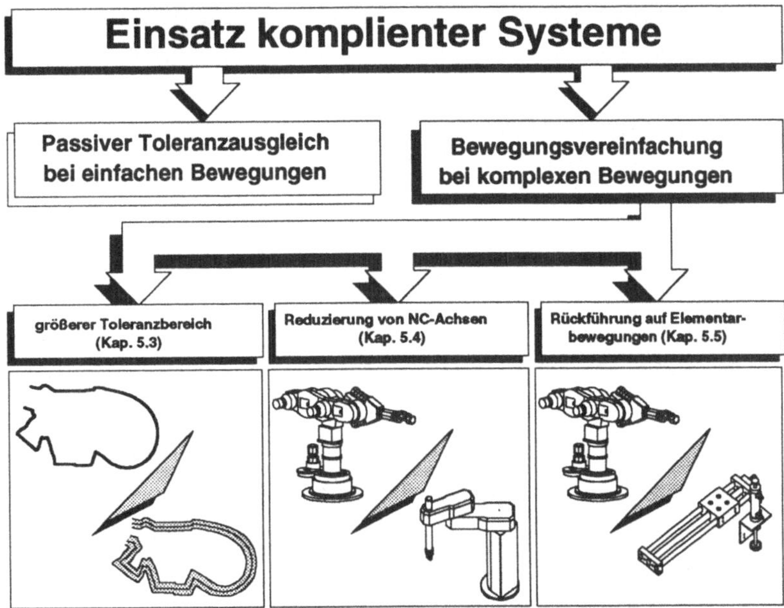

Abb. 2.14: Bewegungsvereinfachung bei komplexen Bewegungen

Fällen können drittens Bewegungen auf elementare Grundbewegungen, d.h. auf einfache lineare oder translatorische Elementarbewegungen zurückgeführt werden.

2.5.2.1 Vergrößerung des Toleranzbereichs

Die Montage von Bauteilen mit komplexen Bewegungen erfordert, daß sich der Industrieroboter sehr genau entlang einer Bauteilkontur bewegt. Das ist allerdings nur mit sehr viel Aufwand realisierbar, da sich die Roboterbahn trotz einer großen Anzahl geteachter Punkte lediglich an die Bauteilgeometrie approximieren läßt.

Durch den gezielten Einsatz komplienter Systeme läßt sich der Toleranzbereich, innerhalb dessen die Roboterbahn verlaufen muß, erheblich vergrößern.

Dadurch verringert sich der Programmieraufwand, da ungenauer geteacht werden kann. Außerdem kann die Bahngeschwindigkeit erhöht werden.

2.5.2.2 Reduzierung von NC-Achsen

Die Freiheitsgrade einer zu automatisierenden Füge- bzw. Führungsbewegung entscheiden in erster Linie über die Art des einzusetzenden Roboters und dessen Kinematik. Während bei komplexen Führungsbewegungen in der Regel Knickarmroboter zum Einsatz kommen, führen bei einfachen linearen Bewegungen SCARA-Roboter oder programmierbare Linearachsen die Montageaufgaben durch. Die Art des benötigten Roboters entscheidet in erster Linie über die Investitionskosten und damit über die Wirtschaftlichkeit einer Automatisierungslösung.

In vielen Fällen läßt sich die nötige Bewegung in eine aktiv und eine passiv gesteuerte Bewegung aufteilen. Den aktiv auszuführenden Bewegungsanteil übernehmen numerisch gesteuerte Achsen. Die passiv gesteuerten Bewegungsanteile lassen sich mit Hilfe komplienter Systeme realisieren. Dadurch reduzieren sich die Anzahl der numerisch gesteuerten Roboterachsen sowie der Programmieraufwand.

2.5.2.3 Rückführung komplexer Bewegungen auf elementare Grundbewegungen

Die Automatisierung komplexer Fügebewegungen erfordert die Berücksichtigung von sechs räumlichen Freiheitsgraden und kann daher hinsichtlich des Automatisierungsaufwandes als komplexeste Aufgabe angesehen werden. Während Industrieroboter speziell bei komplexen Fügebewegungen häufig an technische sowie wirtschaftliche Grenzen stoßen, können kompliente Montagewerkzeuge, die die eigentliche Fügebewegung ausführen, hier eine wirtschaftliche Alternative bieten [KUGE 92]. Komplexe Bewegungen lassen sich auf aktiv gesteuerte Elementarbewegungen zurückführen. Die Umwandlung der einfachen Elementarbewegung in die benötigte komplexe Bewegung erfolgt im komplienten System.

2.6 Zusammenfassung

In diesem Kapitel wurde die Funktionsweise komplienter Systeme und die Voraussetzungen für deren Einsatz analysiert. Entscheidend sind dabei die Wirkflächen an Bauteil und Fügepartner. Aufgrund dieser Wirkflächen entstehen Kräfte und Momente, die eine Bewegung im komplienten System bewirken und so eine Bewegungstransformation durchführen.

Um ein methodisches Vorgehen bei der Planung komplienter Systeme zu ermöglichen, wurden die Einsatzbereiche strukturiert. Entscheidend sind nicht die verschiedenen Fügeverfahren, sondern lediglich die Bewegungen. Diese lassen sich in einfache und komplexe Bewegungen unterteilen. Entsprechend dieser Untergliederung sind unterschiedliche Ziele beim Einsatz komplienter Systeme wesentlich. Während bei einfachen Bewegungen der passive Toleranzausgleich im Vordergrund steht, soll der Einsatz komplienter Systeme bei komplexen Bewegungen eine Bewegungsvereinfachung der gesteuerten Bewegung bewirken. Eine komplexe Bewegung läßt sich in eine aktive und eine passive Bewegungskomponente aufteilen.

3 Konzeption komplienter Systeme

3.1 Einführung

Bei der Entwicklung und Konstruktion komplienter Systeme kann entsprechend der allgemeinen Problemlösungsmethodik vorgegangen werden [VDI 2221]. Die Konstruktion eines komplienten Systems fällt in den Bereich der Betriebsmittelkonstruktion. Da gerade die Montage einen sehr hohen Komplexitätsgrad aufweist [DIES 87] und Standardisierungen im Vergleich zur Teilefertigung kaum möglich sind, handelt es sich bei Werkzeugen für die Montageautomatisierung in der Regel um Neukonstruktionen, in wenigen Fällen um Anpassungskonstruktionen. Lediglich für einfache Montagekomponenten wie beispielsweise Greifer, Greiferwechselsysteme, etc. existieren derzeit standardisierte Systeme. Um den Konstrukteur bei der Entwicklung eines komplienten Systems zu unterstützen, werden in diesem Kapitel Einflußgrößen und eine Vorgehensweise für deren Konzeption erarbeitet. Im weiteren sollen die Gestaltungsregeln und Konstruktionskataloge vorgestellt werden.

3.2 Vorgehensweise bei der Konzeption komplienter Systeme

Die räumliche Lage eines Körpers ist durch genau sechs Freiheitsgrade, drei translatorische und drei rotatorische, definiert. Das bedeutet, ein Bauteil bzw. ein Werkzeug kann bezüglich eines anderen Bauteils maximal sechs Positionsfehler, wiederum drei translatorische und drei rotatorische Fehler, aufweisen, die durch den Einsatz nachgiebiger Systeme kompensiert werden sollen.

Entscheidend bei der Konzeption der Nachgiebigkeit und der Konstruktion eines komplienten Systems sind die Wirkflächen zwischen zwei Bauteilen bzw. die Wirkflächen zwischen einem Bauteil und einem Werkzeug. Dabei sind bauteil- und werkzeugspezifische Einflußgrößen zu berücksichtigen. Die bauteilspezifischen und die werkzeugspezifischen Einflußgrößen beinhalten die für die Funktion des komplienten Systems nötigen Wirkflächen.

Nach der Analyse dieser Einflußgrößen erfolgt die Konzeption der Nachgiebigkeit. Oftmals lassen sich Ausgleichsbewegungen zweiter Ordnung durch die elastischen Wirkflächen am Bauteil oder am Werkzeug kompensieren. Demgegenüber erfordern Fehler erster Ordnung in der Regel spezielle Ausgleichskinematiken mit eigenen Nachgiebigkeitselementen. Die Konzeption der Nachgiebigkeit ist die Grundlage für die Konstruktion des komplienten Systems.

Im folgenden wird zunächst auf die Einflußgrößen für die Einsatz komplienter Systeme näher eingegangen. Für die Konzeption der Nachgiebigkeit, insbesondere der Kinematik- und Nachgiebigkeitselemente, werden Regeln und Hilfsmittel in Form von Konstruktionskatalogen erarbeitet. Die Konstruktion wird durch Lösungskataloge, die sich aus den Konstruktionskatalogen ableiten lassen, unterstützt.

3.3 Analyse der Wirkflächen zwischen zwei Bauteilen

Beim Einsatz komplienter Systeme sind die geometrischen Zusammenhänge zwischen dem Bauteil und dem entsprechenden Werkzeug bzw. die geometrischen Beziehungen zwischen zwei Fügepartnern entscheidend. Abbildung 3.1 zeigt verschiedene Bauteilpaarungen mit einer unterschiedlichen Anzahl von Freiheitsgraden bzw. einem unterschiedlichen Grad von Zwangskopplungen zwischen den beiden Bauteilen. Je geringer die Anzahl der Freiheitsgrade der Bewegung, desto geringer sind die möglichen Relativbewegungen der zugehörigen Körper zueinander [EHRL 88].

Gerade bei der Automatisierung komplexer Bewegungen mit Hilfe komplienter Systeme läßt sich die Bewegung häufig in eine aktiv gesteuerte und eine passiv gesteuerte Bewegungskomponente aufteilen. Je geringer die Anzahl der Freiheitsgrade, d.h. je größer die Zwangskopplung zwischen zwei Bauteilen bzw. zwischen Bauteil und Werkzeug ist, desto mehr Bewegungen lassen sich passiv mit Hilfe komplienter System realisieren. Am Beispiel des automatischen Schraubens teilt sich die Schraubbewegung in eine Drehbewegung und eine überlagerte Vorschubbewegung auf. Das bereits in Kapitel 1 erwähnte NCC-Systems übernimmt die Vorschubbewegung. Für den komplexen Schraubprozeß ist so nur eine rotatorische Elementarbewegung nötig, die überlagerte Vorschubbewegung erfolgt passiv im komplienten System.

Bei Fügebewegungen ist bereits durch die Geometrie der zu fügenden Bauteile die Zwangskopplung zwischen den Bauteilen festgelegt. Bei Führungsbewegungen ist die Wahl des einzusetzenden Werkzeuges von entscheidender Bedeutung.

Neben den geometrischen Zwangskopplungen durch die Wirkflächen zwischen Bauteil und Werkzeug spielen die durch diese Wirkflächen übertragbaren Kräfte und Momente eine wichtige Rolle. Diese Funktionsweise hängt sowohl von werkzeugspezifischen als auch von bauteilspezifischen Einflußgrößen ab.

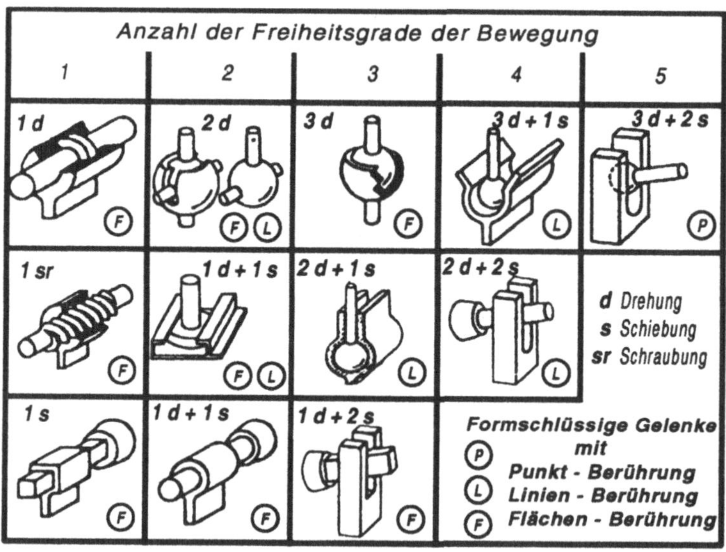

Abb. 3.1: Unterschiedliche Zwangskopplungen zwischen zwei Bauteilen nach [EHRL 88]

3.3.1 Bauteilspezifische Einflußgrößen

Die wichtigsten Kriterien beim Einsatz komplienter Systeme sind nach Abbildung 3.2 die Geometrie und die Form des Bauteils und die Materialbeschaffenheit seiner Wirkflächen. Flächige Bauteile, beispielsweise eine Pkw-Scheibe, bieten ähnlich wie blockförmige Bauteile Kanten als Wirkflächen. Langgestreckte Bauteile bieten die Möglichkeit das Bauteil zu umschlingen und fungieren so als ideale Führung eines komplienten Werkzeuges. Günstig sind gleichförmige Bauteilverläufe. Bewegungen infolge ungleichförmiger Bauteilkonturen lassen sich in der Regel nicht passiv realisieren und müssen daher aktiv gesteuert werden. Eckige Konturen schränken im Vergleich zu runden Konturen zusätzlich den Freiheitsgrad um die Bauteilachse ein. Offene Konturen bieten gegenüber geschlossenen Konturen den Vorteil, daß sich ein Werkzeug, das das Bauteil umschlingt, einfach einfädeln läßt. Weist ein Bauteil für die Bearbeitung nur eine Hauptrichtung auf, so läßt sich im Gegensatz zu mehreren Hauptrichtungen eine Bewegung einfacher passiv realisieren.

Neben der Geometrie des Bauteils spielt das Material der Wirkflächen eine entscheidende Rolle. Da durch die Wirkflächen Kräfte bzw. Momente übertragen werden müssen und das Bauteil dadurch nicht beschädigt werden darf, müssen diese unterhalb der Bauteilempfindlichkeit bleiben.

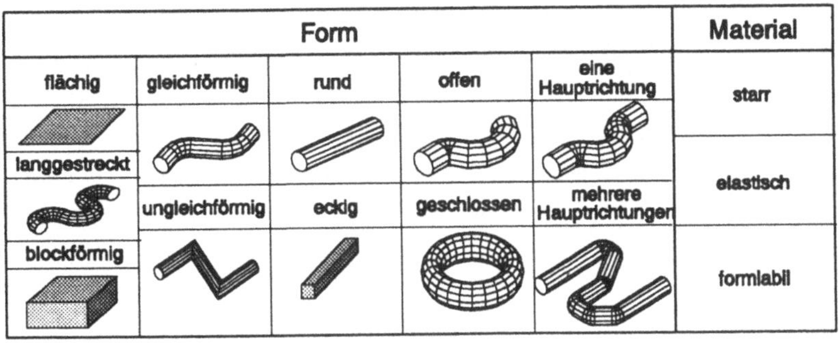

Form					Material
flächig	gleichförmig	rund	offen	eine Hauptrichtung	starr
langgestreckt	ungleichförmig	eckig	geschlossen	mehrere Hauptrichtungen	elastisch
blockförmig					formlabil

Abb. 3.2: Bauteilspezifische Einflußgrößen

3.3.2 Werkzeugspezifische Einflußgrößen

Durch die Komplienz soll eine Bewegung in einem Werkzeug erzielt werden. Aufgund der Wirkflächen des Bauteils lassen sich oftmals nur geringe Kräfte übertragen. Aus diesem Grund sind die Größe, die Masse sowie die Bearbeitungskräfte entscheidend. Ist beispielsweise ein Werkzeug zu groß und zu schwer, um es durch die Reaktionskräfte zu bewegen, so kann nur die Werkzeugkomponente passiv bewegt werden, die direkten Kontakt zum Bauteil besitzt. Das hat zur Folge, daß das gesamte Werkzeug aktiv gesteuert werden muß. Die aktiv gesteuerte Grobbewegung entspricht damit der Bauteilkontur. Die passiv gesteuerte Feinbewegung erfolgt durch die komplient gelagerte Werkzeugkomponente. Ist das Werkzeuggewicht entsprechend gering, lassen sich Werkzeugbewegungen passiv durch die Reaktionkräfte erzeugen und so die aktiv gesteuerten Bewegungen auf eine geringere Anzahl reduzieren.

3.4 Konzeption der Nachgiebigkeit

Ein komplientes System setzt sich nach Kapitel 2 aus maximal 3 Komponenten zusammen. Die zentrale Rolle spielt die Nachgiebigkeit des Systems. Diese beinhaltet in der Regel eine Kinematik und Nachgiebigkeitselemente. Die Nachgiebigkeit kann durch exakt geführte Ausgleichskinematiken mit eigenen Gelenk- oder Führungskomponenten erzielt werden, oder es lassen sich beispielsweise beim Einsatz von Elastomerelementen nur allgemeine Nachgiebigkeiten mit Vorzugsrichtungen herstellen. In Abhängigkeit von den Einflußgrößen der zu montierenden Bauteile und den einzusetzenden Fügewerkzeugen gibt es unterschdiedliche Methoden, die Nachgiebigkeit zu realisieren. Es können entweder die elastischen Wirkflächen des Bauteils oder des Werkzeuges verwendet werden, oder es ist eine Nachgiebigkeit in der Werkzeugaufhängung vorzusehen.

3.4.1 Nachgiebigkeit der Bauteilwirkflächen

Nicht formstabile Bauteile, beispielsweise Dichtungsschnüre aus einem Elastomerwerkstoff, Ziergummis, Matten und Folien weisen eine bauteilspezifische Nachgiebigkeit auf. Diese Nachgiebigkeit kann genutzt werden, um einen passiven Toleranzausgleich zu realisieren. Die durch die Bauteilnachgiebigkeit kompensierbare Fehlergröße muß allerdings als Ausgleichsbewegung zweiter Ordnung eingestuft werden, d.h. es werden in der Regel nur geringe Fehlergrößen ausgeglichen. Am Beispiel der Dichtschnurmontage wird die Dichtschnur in die Nut des Gehäuses verlegt. Die Gehäusenut weist eine starre Wirkfläche auf, die Dichtschnur ist formlabil. Kleine Fehlergrößen, insbesondere Winkelfehler, werden durch die bauteilspezifische Nachgiebigkeit kompensiert.

3.4.2 Nachgiebigkeit der Werkzeugwirkflächen

Ein Fügeprozeß in der automatisierten Montage oder ein Fertigungsprozeß erfolgt durch ein Werkzeug, das über Wirkflächen mit dem zu bearbeitenden bzw. dem zu fügenden Bauteil in direkter Beziehung steht. Besteht die Möglichkeit, anstelle eines Werkzeuges mit starren Wirkflächen, Werkzeuge mit nachgiebigen, elastischen Wirkflächen einzusetzen, kann das Werkzeug selbst die Funktion der Nachgiebigkeit erfüllen. Wird beispielsweise bei einem Entgratvorgang anstelle eines Fräsers eine Bürste eingesetzt, weist die Bürste bereits die entscheidende Nachgiebigkeit auf. Bei einem Fügeprozeß können z.B. elastische Greiferbacken die entscheidende Nachgiebigkeit darstellen. Diese Methode der Nachgiebigkeit im Werkzeug erfordert kaum zusätzlichen Konstruktionsaufwand, ist allerdings sehr verfahrensabhängig. Der damit maximal kompensierbare Fehler ist ebenfalls als Fehler zweiter Ordnung einzustufen. Es lassen sich jedoch entscheidende Effekte erzielen (siehe Kap. 5).

3.4.3 Nachgiebigkeit in der Werkzeugaufhängung

Die beiden bereits angesprochenen Realisierungsmöglichkeiten der Nachgiebigkeit stellen die einfachsten Anwendungen dar. Bei der Konzeption der Nachgiebigkeit sollte versucht werden, zuerst diese zwei Arten der Nachgiebigkeiten auszuschöpfen, da sie kaum einen konstruktiven Mehraufwand bedeuten. Es lassen sich damit häufig nur Bewegungen zweiter Ordnung realisieren.

Gibt das Bauteil und das entsprechende Werkzeug starre Wirkflächen vor, oder sollen Fehlergrößen erster Ordnung kompensiert werden, muß die Nachgiebigkeit in die Werkzeugaufhängung gelegt werden. Diese Art der Nachgiebigkeit wird zwischen einem Roboter und seinem Werkzeug, in der Regel einem Greifer, eingebaut. Diese Methode der Nachgiebigkeit erfordert eine eigene Kinematik sowie eigene Nachgiebigkeitselemente. Die Kinematik hat die Aufgabe, definierte Ausgleichsbewegungen zu realisieren, die Nachgiebigkeitselemente übertragen die Füge- und Ausgleichskräfte.

3.4.4 Zielgrößen bei der Konzeption der Nachgiebigkeit

3.4.4.1 Ansprechverhalten

Die Funktionsweise komplienter Systeme basiert auf dem Einwirken von Kräften bzw. Momenten, die sich aus einem Fügeprozeß ergeben. Das kompliente System sollte möglichst weich reagieren, um einerseits Bauteilbelastungen gering zu halten und andererseits ein Verklemmen zu verhindern. Aus diesem Grund sind Ausgleichskinematiken und Nachgiebigkeitselemente so auszuwählen bzw. anzuordnen, daß die Reaktionskräfte aus dem Fügeprozeß direkt in die Nachgiebigkeitelemente eingeleitet werden.

3.4.4.2 Berechenbarkeit, Vorspannung

Kompliente Systeme sollten eine definierte Charakteristik besitzen. Bei Fügeprozessen müssen Fügekräfte übertragen werden, die im komplienten System keine Auslenkungen zur Folge haben. Aus diesem Grund sollte die Ausweichcharakteristik einfach berechenbar sein sowie eine definierte Vorspannung eingestellt werden können. Diese Vorspannung hat zusätzlich die Aufgabe, das System im unbelasteten Zustand in einer neutralen, definierten Lage zu zentrieren.

3.4.4.3 Gewicht, Baugröße

Das Toleranzausgleichssystem wird in der Regel zwischen Roboterflansch und Greifer eingebaut. Durch das zusätzliche Gewicht des Toleranzausgleichssystems reduziert sich die Nutzlast des Roboters, so daß gegebenenfalls ein Roboter mit größerer Tragfähigkeit eingesetzt werden muß. Um die Nutzlast nicht zu sehr zu beeinträchtigen, ist auf ein geringes Gewicht sowie eine geringe Baugröße zu achten.

3.4.5 Konstruktionskataloge

Bei der Festlegung der Kinematik und der Auswahl der Nachgiebigkeitselemete dienen die folgenden Konstruktionskataloge als Informationsspeicher, die ein schnelles Erfassen und Zugreifen auf unterschiedliche, klar strukturierte Teillösungsvorschläge bei der Konzeption der Nachgiebigkeit zulassen [VDI 2222, ROTH 82, HOSS 92]. Die Konstruktionskataloge sind in drei Spalten, den Gliederungsteil, den Hauptteil und den Zugriffsteil, gegliedert.

Der **Gliederungsteil** unterteilt den Kataloginhalt widerspruchsfrei in voneinander abgrenzbare Klassen und gibt dem Benutzer die Möglichkeit, die Vollständigkeit zu überprüfen.

Der **Hauptteil** enthält den eigentlichen Inhalt des Kataloges. Die verschiedenen Lösungen werden in Form von Skizzen vorgestellt. Diese sind auf die elementaren Wirkprinzipien reduziert und stehen auf jeweils gleicher Abstraktionsstufe.

Der **Zugriffsteil** enthält die für den Verwendungszweck angepaßten Zugriffsmerkmale. Mit deren Hilfe lassen sich für die jeweiligen Anforderungen die entsprechenden Lösungen finden und auswählen.

3.4.5.1 Kinematik

Die Verlegung der Nachgiebigkeit in die Werkzeugaufhängung benötigt bei Fehlergrößen erster Ordnung eine eigene Kinematik, die eine definierte Fehlerkompensationsbewegung beim Einwirken von Reaktionskräften zuläßt.

Gliederungsteil			Hauptteil	Zugriffsteil				
Ausgleichsbewegung		Gelenkkinematik	Beispiel	Baugröße	Ansprechverhalten	definierte Ausgl.-bew.	Realisierbarkeit	Reibungseinflüsse
translatorisch	exakt	rotatorisch	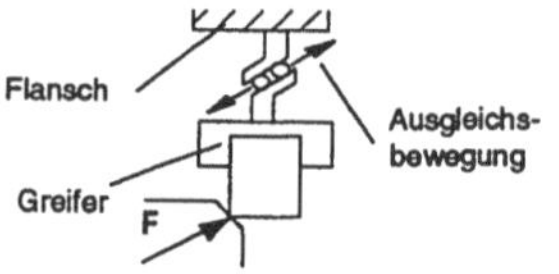 Flansch, Greifer, Ausgleichsbewegung, F	gut	sehr gut	sehr gut	sehr gut	gut
translatorisch	exakt	rotatorisch	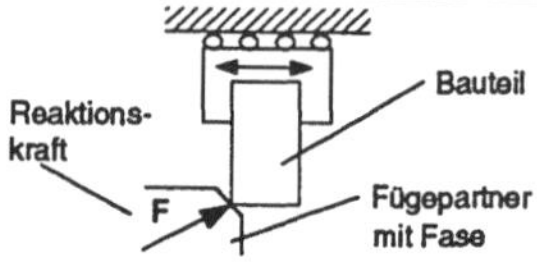 Reaktionskraft, Bauteil, Fügepartner mit Fase, F	gut	gut	sehr gut	sehr gut	gut
translatorisch	exakt	rotatorisch	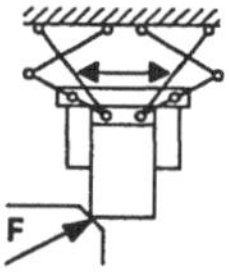 F	mittel	gut	sehr gut	sehr gut	mittel
translatorisch	exakt	translatorisch	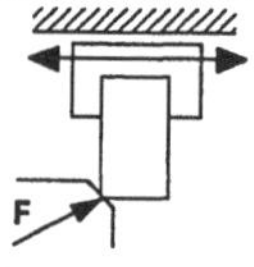 F	gut	gut	sehr gut	gut	gut
translatorisch	exakt	translatorisch	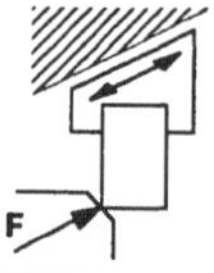 F	gut	sehr gut	sehr gut	gut	gut
translatorisch	angenähert	rotatorisch	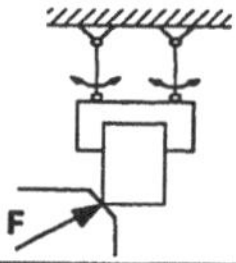 F	gut	gut	gut	sehr gut	sehr gut
translatorisch	angenähert	rotatorisch	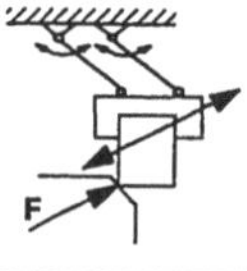 F	gut	sehr gut	gut	sehr gut	gut

Abb. 3.3.1: Konstruktionskatalog "Kinematik" Teil 1

Gliederungsteil			Hauptteil	Zugriffsteil				
Ausgleichsbewegung		Gelenkkinematik	Beispiel	Baugröße	Ansprechverhalten	definierte Ausgl.-bew.	Realisierbarkeit	Reibungseinflüsse
rotatorisch	reale Achse	rotatorisch	F	sehr gut	sehr gut	sehr gut	sehr gut	sehr gut
rotatorisch	reale Achse	rotatorisch		mittel	gut	sehr gut	gut	mittel
rotatorisch	ideelle Achse	rotatorisch		gut	gut	gut	sehr gut	gut
rotatorisch	ideelle Achse	rotatorisch		mittel	schlecht	sehr gut	mittel	schlecht

Abb. 3.3.2: Konstruktionskatalog "Kinematik" Teil 2

Hierbei kann zwischen translatorischen und rotatorischen Ausgleichsbewegungen unterschieden werden. Die Ausgleichsbewegung läßt sich entsprechend dem Konstruktionskatalog in Abbildung 3.3.1 und Abbildung 3.3.2 durch rotatorische oder translatorische Gelenkkinematiken realisieren. Rotatorische Gelenkkinematiken weisen gegenüber translatorischen Gelenkkinematiken oftmals geringere Baugrößen und ein besseres Ansprechverhalten auf. Die im Zugriffsteil aufgeführten Merkmale sind entscheidend bei der Auswahl einer speziellen Lösung. Die Bewertung der im Zugriffsteil aufgeführten Merkmale erfolgt nach konstruktionstechnischen Gesichtspunkten.

3.4.5.2 Nachgiebigkeitselemente

Neben der Kinematik sind die Nachgiebigkeitselemente entscheidend. Sie haben die Funktion, Kräfte zu übertragen, das System nach einer Ausgleichsbewegung in eine neutrale Nullstellung zu überführen und so zu zentrieren. Bei Toleranzausgleichsbewegungen zweiter Ordung ist nicht immer eine definierte Kinematik erforderlich. Hier haben die Nachgiebigkeitselemente die weitere Funktion, eine Vorzugsrichtung der Ausgleichsbewegung und so eine undefinierte Kinematik vorzugeben. Die Nachgiebigkeitselemente lassen sich nach Abbildung 3.4.1 und Abbildung 3.4.2 in stahlgefederte, mit Elastomeren gefederte, pneumatisch gefederte und magnetisch gefederte Elemente einteilen. Stahlfedern lassen sich gut berechnen und es können große Ausgleichswege realisiert werden. Elastomere zeichnen sich durch ihre geringe Baugröße und gute Dämpfung aus. Pneumatische Elemente besitzen eine konstante Kraftkennlinie und lassen sich mit Hilfe des Druckes in einem weiten Bereich gut einstellen. Der Magnetismus spielt für den Einsatz als Nachgiebigkeitselement eine untergeordnete Rolle.

Gliederungsteil		Hauptteil		Zugriffsteil							
Physik. Prinzip		Beispiel	Kennlinie	Berechenbarkeit	Toleranzweg	Vorspannung	Einstellbarkeit	Baugröße	Ansprechverhalten	Reibungseinflüsse	Dämpfung
Stahlfeder	Zugfeder	F, F	F, s	sehr gut	sehr gut	sehr gut	mittel	sehr gut	sehr gut	sehr gut	mittel
	Druckfeder	F, F	F, s	sehr gut	sehr gut	mittel	gut	sehr gut	sehr gut	sehr gut	mittel
	Schubfeder	F, F	F, s	gut	sehr gut	sehr gut	schlecht	sehr gut	gut	mittel	sehr gut
	Spiralfeder	M	F, a	gut	sehr gut	mittel	mittel	gut	sehr gut	sehr gut	mittel
	Tellerfeder	F	F, s	gut	schlecht	mittel	schlecht	sehr gut	gut	mittel	gut
	Drehstabfeder	M	F, a	gut	mittel	mittel	schlecht	gut	gut	sehr gut	mittel
	Blattfeder	F	F, s	gut	schlecht	mittel	mittel	gut	mittel	mittel	sehr gut

Abb. 3.4.1: Konstruktionskatalog "Nachgiebigkeitselemente" Teil 1

Gliederungsteil		Hauptteil		Zugriffsteil							
Physik. Prinzip		Beispiel	Kennlinie	Berechenbarkeit	Toleranzweg	Vorspannung	Einstellbarkeit	Baugröße	Ansprechverhalten	Reibungseinflüsse	Dämpfung
Elastomer	Gummielement			schlecht	schlecht	schlecht	schlecht	sehr gut	sehr gut	sehr gut	sehr gut
	Scherkissen			schlecht	mittel	schlecht	schlecht	sehr gut	gut	gut	sehr gut
	Gummiband			mittel	gut	mittel	schlecht	gut	sehr gut	sehr gut	gut
	Kunststoff-Feder			mittel	gut	mittel	schlecht	gut	sehr gut	sehr gut	mittel
Pneumatik	Zylinder			gut	sehr gut	gut	sehr gut	mittel	gut	mittel	gut
	Schwenkzylinder			gut	sehr gut	gut	sehr gut	mittel	gut	mittel	gut
Magnetismus	Magnetepaar			schlecht	schlecht	schlecht	sehr gut	mittel	sehr gut	sehr gut	mittel

Abb. 3.4.2: Konstruktionskatalog "Nachgiebigkeitselemente" Teil 2

3.5 Vorgehensweise bei der Konstruktion eines komplienten Systems

3.5.1 Einführung

In der Konzeptionsphase der Nachgiebigkeit werden die Funktion, d.h. die Ausgleichsbewegungen und die nötigen Bewegungsfreiheitsgrade sowie die erforderlichen Kräfte festgelegt. Diese Anforderungen sind bei der Konstruktion zu berücksichtigen und in einem komplienten System zu realisieren. Die Konstruktionsphase kann durch die Entwicklung von Lösungskatalogen unterstützt werden.

Aus den produktneutralen Konstruktionskatalogen lassen sich für die jeweiligen Einsatzfälle entsprechende Lösungskataloge [ROTH 82] entwickeln. Aus der Verknüpfung von Kinematik und Nachgiebigkeitselementen erhält man Prinziplösungen, die für die jeweilige Problematik eingesetzt werden können. Der Zugriffsteil dient zur Bewertung und Auswahl der unterschiedlichen Lösungen. Am Beispiel der Dichtschnurmontage soll der Lösungskatalog näher erläutert werden.

3.5.2 Lösungskatalog am Beispiel der Dichtschnurmontage

Bei der Dichtschnurmontage wird die Dichtschnur mit Hilfe einer Verlegedüse in die Gehäusenut montiert (siehe Kap. 5). Die vorhandene Elastizität der Dichtschnur kompensiert die Fehler zweiter Ordnung, für die Fehler erster Ordnung ist eine Nachgiebigkeit in der Werkzeugaufhängung vorzusehen. Als Führung dieser Verlegedüse dient ein Führungsstift, der in der Nut geführt wird. Aus der Kombination der Konstruktionskataloge für Kinematik und für Nachgiebigkeitselemente ergibt sich der Lösungskatalog nach Abbildung 3.5. Die kompliente Aufhängung der Düse kann als Differentialbauweise oder als Integralbauweise realisiert werden. Die Auswahl einer speziellen Lösung erfolgt anhand der aufgeführten Bewertungskriterien. Im Fall der komplienten Aufhängung der Verlegedüse wurde die die Differenzialbauweise mit rotatorischer Kinematik und elastischen Nachgiebigkeitselementen ausgewählt. Diese Variante zeichnet sich in erster Linie durch einen großen Toleranzweg und

Gliederungsteil			Hauptteil	Zugriffsteil					
Bauweise	Kinematik und Nachgiebigkeit		Beispiel	Zentrierung	Vorspannung	Baugröße	Toleranzweg	Ansprechverhalten	definierte Ausgl.-bew.
Differentialbauweise	lineare Kinematik	pneumatische Nachgiebigkeit	Einlegedüse; Führungsstift	sehr gut	sehr gut	schlecht	gut	schlecht	sehr gut
		elastische Nachgiebigkeit	Linearführungen	sehr gut	sehr gut	mittel	gut	mittel	sehr gut
	rotatorische Kinematik	pneumatische Nachgiebigkeit	Düsenschwinge	sehr gut	sehr gut	mittel	gut	sehr gut	gut
		elastische Nachgiebigkeit		sehr gut	sehr gut	gut	gut	sehr gut	gut
Integralbauweise	Nachgiebige Aufhängung mit Elastomerelementen		Elastomer	schlecht	schlecht	sehr gut	schlecht	gut	schlecht
	Nachgiebige Aufhängung mit Federelementen		Feder	schlecht	schlecht	sehr gut	mittel	gut	schlecht

Abb. 3.5: Lösungskatalog am Beispiel: Kompliente Lagerung einer Düse bei der Dichtschnurmontage

ein sehr gutes Ansprechverhalten bei vertretbarer Baugröße aus. Die Zentrierung des Systems wird durch vorgespannte Druckfedern erreicht.

3.6 Zusammenfassung

In diesem Kapitel wurden die Grundlagen für die in Abbildung 3.6 dargestellte Vorgehensweise bei der Konzeption und Konstruktion komplienter Systeme vorgestellt. Entscheidend sind die Wechselwirkungen zwischen den bauteilspezifischen und den werkzeugspezifischen Einflußgrößen. Die Analyse der Bauteilwirkflächen bzw. der geometrische Zusammenhang zwischen Werkzeug und Bauteil bildet die Grundlage für die Konzeption der Nachgiebigkeit. Diese läßt sich in Abhängigkeit starrer, elastischer oder formlabiler Wirkflächen in die Bauteilwirkflächen, in die Werkzeugwirkflächen oder in die Werkzeugaufhängung legen. Fehler zweiter Ordnung lassen sich häufig durch elastische Wirkflächen kompensieren. Demgegenüber muß die Nachgiebigkeit in der Werkzeugaufhängung Fehler erster Ordnung ausgleichen. Die Nachgiebigkeit setzt sich in der Regel aus der Kinematik und den Nachgiebigkeitselementen zusammen. Die entwickelten Kostruktionskataloge unterstützt die Auswahl der Kinematik und der Nachgiebigkeitselemente. Diese zwei Komponenten bilden die Grundlage für die Konstruktion eines auf den speziellen Anwendungsfall angepaßten komplienten Systems. Aus den Konstruktionskatalogen lassen sich dabei Lösungskataloge entwickeln und entsprechend den Bewertungskriterien ein spezielle Lösung ableiten. Sie bieten damit die Möglichkeit, in kurzer Zeit eine geeignete Lösung in Form einer Konstruktion zu erarbeiten.

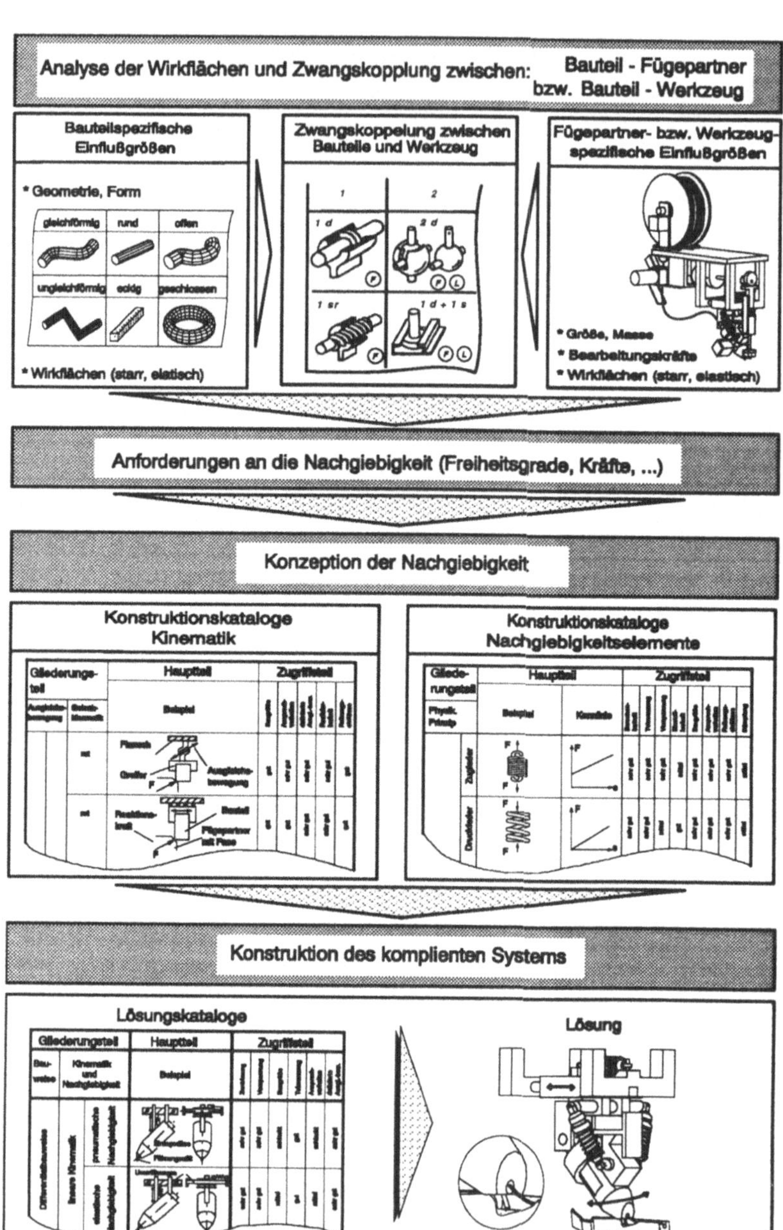

Abb. 3.6: Vorgehensweise bei der Konzeption komplienter Systeme

4 Passiver Toleranzausgleich bei Bauteilen mit mehreren Fügestellen

4.1 Einführung

Das bereits behandelte RCC-System kann als Standardsystem für die Problematik des Fügens eines Bolzens in eine Bohrung angesehen werden. Bei dieser Bolzen-Bohrung-Problematik liegt der Fall eines Bauteils mit einer Fügestelle (s. Kap. 2.5.1) vor. Aus den beim Fügen entstehenden Reaktionskräften bzw. -momenten lassen sich hierfür diskrete Ausgleichsbewegungen ableiten und diese in einem kinematischen System realisieren. Das heißt, es besteht ein definierter Zusammenhang zwischen einem Positionsfehler und den beim Fügen entstehenden Reaktionskräften. Bei Bauteilen mit mehr als einer Fügestelle lassen sich aus den Reaktionskräften beim Fügen keine diskreten Ausgleichsbewegungen ableiten. Aus diesem Grund ist hier eine neue Toleranzausgleichsstrategie in Verbindung mit neuen Toleranzausgleichsmechanismen zu entwickeln.

4.2 Analyse der Fehler bei Bauteilen mit mehreren Fügestellen

4.2.1 Analyse möglicher Fehlerlagen

Während bei Bauteilen mit einer Fügestelle ein definierter Zusammenhang zwischen der Reaktionskraft und dem auszugleichenden Fehler besteht und sich daher Ausgleichskinematiken ableiten lassen, kommen für den passiven Toleranzausgleich bei Bauteilen mit mehreren Fügestellen weitere Anforderungen hinzu. Die beim Auftreffen des Bauteils an einer Fügestelle entstehende Kraft läßt keine Entscheidung über die nötige Ausgleichsbewegung zu. Abbildung 4.1 zeigt unterschiedliche Möglichkeiten von Fehlerlagen eines Bauteils mit zwei Fügestellen. Tritt beim Fügen des Bauteils von oben nach unten zuerst ein Kontakt an der Fase der Fügestelle A auf, entsteht hier eine

Reaktionskraft, die als Ausgleichskraft für den passiven Toleranzausgleich fungiert. Dieser Reaktionskraft kann keine definierte Ausgleichsbewegung zugeordnet werden. Im ersten Fall (Abb. 4.1/1.1) müßte das Toleranzausgleichssystem eine parallele Verschiebung des Bauteils in der x-y-Ebene zulassen, im zweiten Fall (Abb. 4.1/1.2) eine rotatorische Ausgleichsbewegung mit dem Momentanpol um den Mittelpunkt M und im dritten Fall (Abb. 4.1/1.3) eine rotatorische Ausgleichsbewegung um den Momentanpol an der Fügestelle B gewährleisten.

Neben den Toleranzausgleichsbewegungen senkrecht zur Fügerichtung (x-y-Ebene) ist zusätzlich ein Toleranzausgleich in Fügerichtung nötig. Aufgrund von Winkelfehlern in der y-z-Ebene können sich wiederum Fehlerlagen erge-

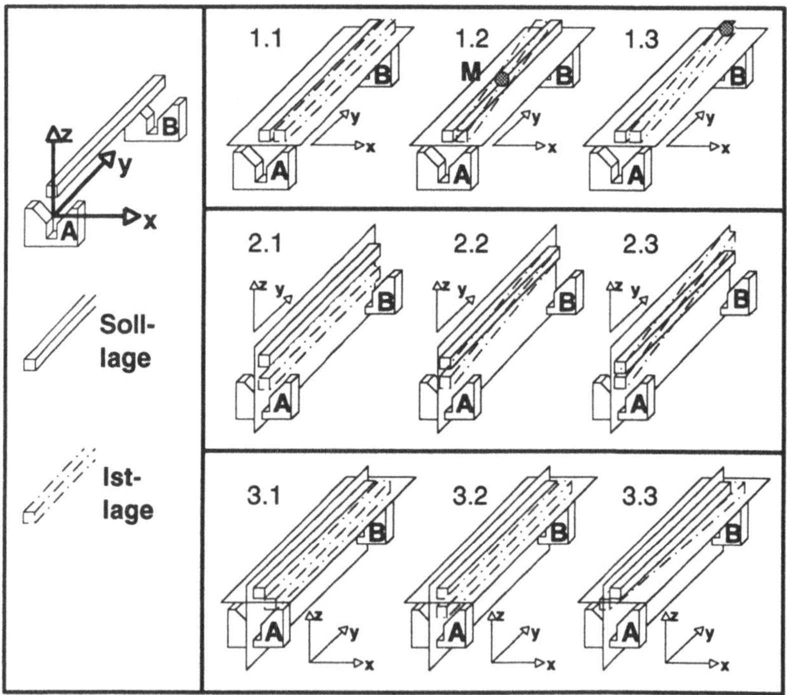

Abb. 4.1: Mögliche Fehlerlagen bei einem Bauteil mit zwei Fügestellen

ben, die keine diskreten Toleranzausgleichsbewegungen vorschreiben. Auch hier gibt es beispielsweise für eine Reaktionskraft an der Fügestelle A drei unterschiedliche Antworten auf die Toleranzausgleichsbewegung (Abb. 4.1/2.1 bis 4.1/2.3). Bei überlagerten Fehlerlagen (Abb. 4.1/3.1 bis 4.1/3.3), d.h. Fehlern sowohl in der x-y-Ebene als auch in der y-z-Ebene lassen sich beliebig viele verschiedene Fehlermöglichkeiten und entsprechend viele Ausgleichsbewegungen erzeugen.

4.2.2 Fehlergröße

Bei Bauteilen mit mehr als einer Fügestelle handelt es sich in der Regel um Werkstücke mit größeren Abmessungen. Hier spielen die translatorischen Fehler im Vergleich zu den rotatorischen Fehlern eine übergeordnete Rolle. Abbildung 4.2 zeigt die Verhältnisse der Fehlergrößen an einem Bauteil mit einem Meter Länge. Die Größe der Fase hat einen Wert von 10 mm. Eine mögliche Fehlerlage kann beispielsweise auftreten, wenn an der Fügestelle B keine Fehlerlage vorhanden ist und der Fehler an der Fügestelle A die maximal kompensierbare Größe von 10 mm aufweist. In diesem Fall ergibt sich eine translatorische Ausgleichsbewegung von 10 mm an der Fügestelle A und als Folge eine Rotationsbewegung mit dem Momentanpol in B und einem Wert von 0.57°.

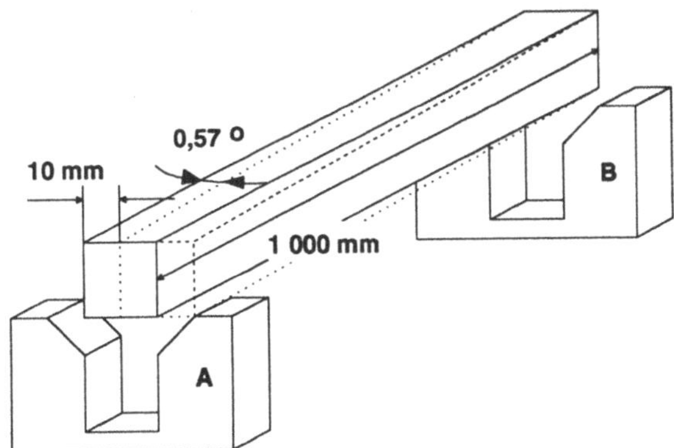

Abb. 4.2: Fehlergrößen an einem Bauteil mit zwei Fügestellen und einem Meter Länge

Rotatorische Ausgleichsbewegungen können nötig sein, um auftretende Toleranzen zu kompensieren, oder um Zwangsbewegungen infolge translatorischer Ausgleichsbewegungen zuzulassen. Aufgrund der auftretenden Fehlergrößen handelt es sich bei den translatorischen Fehlern um Fehler ertser Ordnung, bei den rotatorischen Fehlern um Fehler zweiter Ordnung. Dementsprechend sind für den Ausgleich der translatorischen Fehler Toleranzausgleichssysteme mit eigener Kinematik und eigenen Nachgiebigkeitssystemen vorzusehen. Der Ausgleich rotatorischer Fehler erfolgt durch den Einsatz von Elastomeren, die durch eine günstige Anordnung eine geeignete Vorzugsrichtung bei einer Toleranzausgleichsbewegung aufweisen sollen.

4.2.3 Anforderung an den passiven Toleranzausgleich

Da sich entsprechend der Analyse der Fehlerlagen bei Bauteilen mit mehreren Fügestellen aus der Reaktionskraft keine diskrete Ausgleichsbewegung ableiten und deshalb keine eindeutige Kinematik für den passiven Toleranzausgleich ermitteln läßt, sind weitere Anforderungen zu erfüllen. Eine vorhandene Fehlerlage darf sich beim Einwirken einer Reaktionskraft beim Fügen nicht vergrößern. Insbesondere muß die Toleranzausgleichsbewegung unabhängig vom Erstberührpunkt sein.

Entsprechend Kapitel 2 sollte für eine gerade Fase das Toleranzausgleichssystem einen möglichst konstanten Kraftverlauf über den Ausgleichsweg aufweisen. Um das Toleranzausgleichssystem flexibel einsetzbar zu gestalten, sollten die Füge- bzw. Ausgleichskräfte unabhängig voneinander einstellbar sein, um das System an verschiedene Fügeoperationen sowie Fügerichtungen - z.B. horizontal oder vertikal - anpassen zu können. Im unbelasteten Zustand sollte es eine definierte Lage einnehmen. Die Toleranzausgleichssysteme sollten modular aufgebaut sein. Mit wenigen Modulen kann so der passive Toleranzausgleich an die jeweiligen Bauteile sowie die jeweilige Fügeproblematik angepaßt werden.

4.3 Konzeption des Toleranzausgleichs bei Bauteilen mit mehreren Fügestellen

4.3.1 Zentrale und dezentrale Toleranzausgleichsstrategie

Bei Bauteilen mit einer Fügestelle wird das Toleranzausgleichssystem meist zentral zwischen dem Greifer und dem Roboterflansch eingebaut. Trifft nun beim Fügen das Bauteil auf die Fügefase, so entsteht eine Reaktionskraft, aus der sich exakt eine Ausgleichsbewegung ableitet. Bei Bauteilen mit mehreren Fügestellen ist das nicht der Fall. Aus einer Reaktionskraft an einer Fügestelle lassen sich keine Aussagen über die Fehlerlage des Bauteils machen. Am Beispiel eines Bauteils mit zwei Fügestellen soll diese Problematik näher erläutert werden (Abb. 4.3). Beim Fügen des Bauteils von oben nach unten findet am aufgeführten Beispiel zuerst Bauteilkontakt an der Fügestelle A statt. Die entstehende Reaktionskraft F_{resA} bewirkt, daß sich das Bauteil an dieser Stelle nach links bewegt. Die Frage nach der Gesamtfehlerlage des Bauteils und die dazugehörige Ausgleichsbewegung im komplienten System kann nicht beantwortet werden. Wird die Ausgleichsbewegung an der Fügestelle A durch eine Drehbewegung im Toleranzausgleichssystem realisiert, so würde sich im dargestellten Beispiel die Fehlerlage an der Fügestelle B zusätzlich vergrößern und zur Kollision führen. In diesem Fall wäre eine parallele Verschiebung des Bauteils nach links die richtige Antwort auf die Reaktionkraft F_{resA}. Andererseits kann eine Parallelverschiebung bei einer anderen Fehlerlage wiederum die falsche Toleranzausgleichsbewegung sein. Eine Toleranzausgleichsbewegung an einer Fügestelle darf daher unabhängig vom Erstberührpunkt keine Vergrößerung der Fehler an den anderen Fügestellen zur Folge haben. Die Anforderung der Unabhängigkeit vom Erstberührpunkt beim Fügen sowie die Unabhängigkeit der einzelnen Ausgleichsbewegungen lassen sich bei mehreren Fügestellen nur durch eine dezentrale Anbringung der Ausgleichssysteme erfüllen. Das Greifen des Bauteils erfolgt ebenfalls dezentral in der Nähe der Fügestelle. Dadurch wird das Bauteil sicher gegriffen und die für den passiven Toleranzausgleich entstehenden Reaktionskräfte werden direkt in die Toleranzausgleichssysteme geleitet. Nur so kann eine gegenseitige Beeinflussung der Toleranzausgleichsbewegungen an den verschiedenen Fügestellen verhindert und ein gutes Ansprechverhalten erreicht werden. Am dargestellten Beispiel mit dezentraler Anordnung der Toleranzausgleichssysteme bewirkt die Reaktionskraft F_{resA} eine Bewegung des Bauteils an der Stelle A nach links ohne die Fehlerlage an der Fügestelle B zu beeinflussen. Das Bauteil bewegt sich mit dem Momentanpol um B und bleibt so im Fasenbereich. Eine Erstberührung an der Fügestelle B hätte dieselbe Funktionsweise mit einem Momentanpol in A zur Folge. Die dezentrale Ausgleichsstrategie bedingt zusätzliche Anforderungen an die eigentlichen Toleranzausgleichssysteme, so daß hier auf keine vorhandenen Standardsysteme zurückgegriffen werden kann.

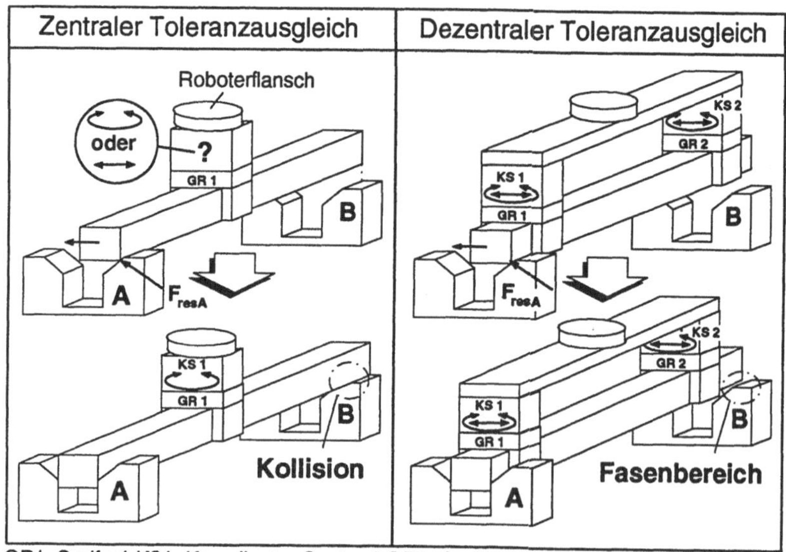

Abb. 4.3: Vergleich zwischen zentraler und dezentralen Ausgleichsstrategie

4.3.2 Ermittlung der Ausgleichsbewegungen

Bei einem Bauteil mit mehreren Fügestellen kann entsprechend der Art der Fügestelle zwischen einem *Festlager* und einem *Loslager* unterschieden werden (Abb. 4.4). Ein Festlager ist dadurch gekennzeichnet, daß ein Bauteil in allen Richtungen fixiert ist. Eine Fügestelle mit einem oder mehreren Freiheitsgraden kann als Loslager bezeichnet werden. Um die nötigen Ausgleichsbewegungen in einem Toleranzausgleichssystem zu ermitteln, werden zunächst die einzelnen Fügestellen isoliert betrachtet. In Abbildung 4.4 sind die Zusammenhänge an einem Bauteil mit zwei Fügestellen dargestellt. Die Fügestelle A entspricht einem Festlager, die Fügestelle B einem Loslager. Hier wird eine translatorische Ausgleichsbewegung in ± x- und ± y-Richtung sowie eine rotatorische Ausgleichsbewegung um die x-Achse und die y-Achse benötigt. Die isolierte Betrachtung am Loslager bedingt eine translatorische Ausgleichsbewegung in ± y-Richtung und eine Rotationsbewegung um die x-Achse. Da es sich bei den betrachteten Bauteilen um Starrkörper handelt, ergeben sich für die Toleranzausgleichssysteme eine Reihe von Zwangsbedingungen (Abb. 4.4). Eine Ausgleichsbewegung an der Fügestelle A in y-Richtung bewirkt beispielsweise eine Rotation um die z-Achse an der Fügestelle B. Eine translatorische Ausgleichsbewegung in x-Richtung an der Fügestelle A hat ebenfalls eine Translationsbewegung in x-Richtung an der Fügestelle

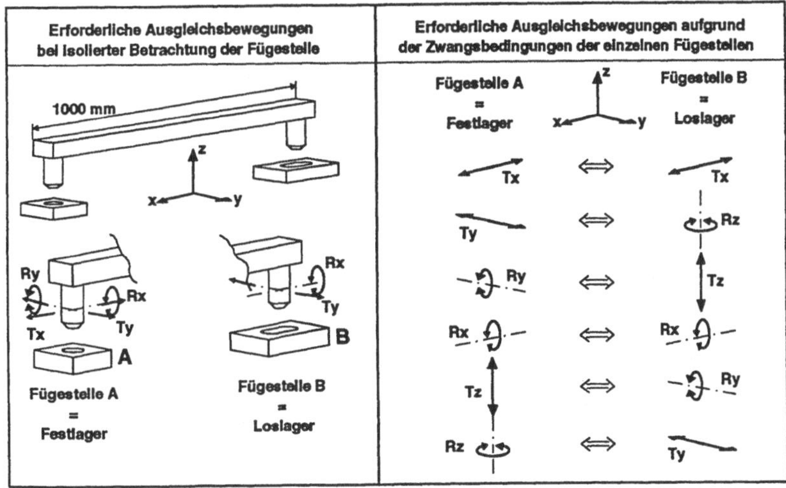

Ti - translatorische Ausgleichsbewegung in i-Richtung
Ri - rotatorische Ausgleichsbewegung um die i-Achse

Abb. 4.4: Ermittlung der Ausgleichsbewegungen für den passiven Toleranzausgleich an einem Bauteil mit zwei Fügestellen

B zur Folge. Das Toleranzausgleichssystem muß auch in Fügerichtung eine Nachgiebigkeit aufweisen, um beispielsweise einen rotatorischen Fehler um die y-Achse kompensieren zu können. Ein Winkelfehler um die y-Achse an der Fügestelle A bewirkt eine translatorische Zwangsbewegung in Fügerichtung entlang der z-Achse an der Fügestelle B. Für die Konzeption der Toleranzausgleichssysteme bedeutet dies, daß an jeder Fügestelle eine Toleranzausgleichssystem mit sechs Freiheitsgraden benötigt wird.

4.3.3 Toleranzausgleichsmodule für translatorische Ausgleichsbewegungen

4.3.3.1 Konzeption des Toleranzausgleichs am Festlager (Scherenmodul 2 D)

Das Festlager ist dadurch gekennzeichnet, daß in x- und in y-Richtung die Kräfte für den passiven Toleranzausgleich durch die Kontaktkräfte an der Fase erzeugt werden. Als Ausgleichskinematik wird entsprechend Kapitel 3 das Konzept eines Viergelenkgetriebes mit schräg angeordneten Lenkern und rotatorischer Gelenkkinematik ausgewählt. Dieses Prinzip ist durch ein sehr gutes Ansprechverhalten und eine sehr gute Realisierbarbeit gekennzeichnet. Die Baugröße, Reibungseinflüsse und definierte Ausgleichsbewegung sind ebenfalls akzeptabel. Diese Ausgleichskinematik wird mit pneumatischen Elementen als Nachgiebigkeitselemente zur Kraftübertragung gekoppelt. Das Gesamtsystem läßt sich so einfach berechnen und eine gezielte Vorspannung durch die Variation des Druckes in den Pneumatikelementen erreichen.

Bei einem Festlager sind Ausgleichsbewegungen in ± x-Richtung, in ± y-Richtung und in z-Richtung nötig. Dementsprechend sind nach Abbildung 4.5 vier voneinander unabhängige Gelenkkinematiken vorgesehen.

Das dargestellte Konzept gleicht translatorische Toleranzen in zwei Ebenen, der x-z-Ebene und der y-z-Ebene, aus und ist außerdem nachgiebig in Fügerichtung (z-Richtung). Das System besteht aus insgesamt 4 Viergelenkgetrieben in Scherenanordung. Jedes Viergelenkgetriebe ist mit einem eigenen

Pneumatikzylinder versehen. So lassen sich die unterschiedlichen Ausgleichsbewegungen unabhängig voneinander steuern und einstellen.

Die Funktionsweise geht aus der Abbildung 4.5 hervor. Die Betrachtung des Toleranzausgleichs in einer Ebene, beispielsweise der y-z-Ebene, zeigt folgende Zusammenhänge auf. Bei einer Berührung des Bauteils beim Fügen an der linken Fase reagiert das System mit einer Ausgleichsbewegung im unteren Viergelenkgetriebe. Die Lenkeranordnungen sind als Parallelogramme ausgebildet und sind parallel zur Kraftrichtung der resultierenden Kraft F_{res}. Die Reaktionskraft, die beim Auftreffen des Bauteils an der linken Fase entsteht, bewirkt daher nur eine Bewegung im unteren Viergelenk. Analog erzeugt eine Berührung des Bauteils an der rechten Fase eine Ausgleichsbewegung im oberen Viergelenkgetriebe. In diesem Fall steht die Kraftrichtung der resultierenden Kraft F_{res} parallel zu den Lenkern im unteren Parallelogramm. Die gesamte untere Viergelenkanordnung wird mitbewegt. Das bei der Ausgleichs-

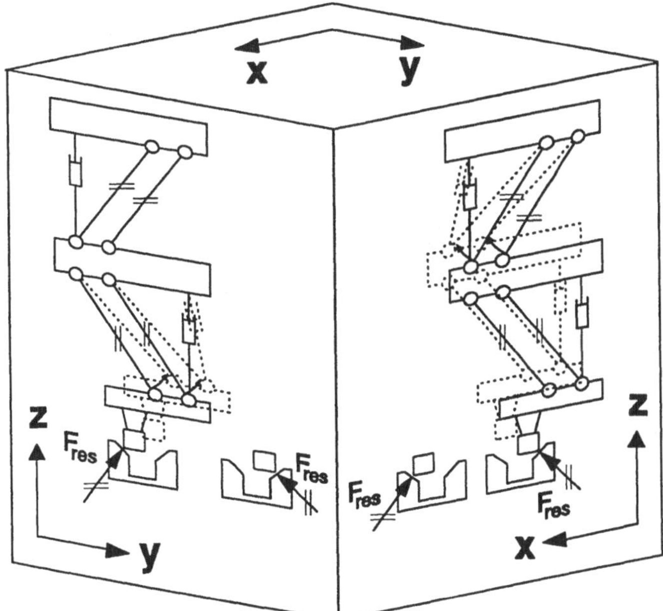

Abb. 4.5: Konzept des Scherenmoduls

bewegung in Ruhe bleibende Viergelenk ist so angeordnet, daß die Lenker des Viergelenks parallel zur resultierend wirkenden Kraft stehen. Dadurch wird diese resultierende Kraft direkt in Form von Zug- bzw. Druckkräften in die Lenker geleitet, das Nachgiebigkeitselement bleibt so kräftefrei. Die auftretenden Momente stützen sich Greiferflansch ab.

Für den Toleranzausgleich in der x-z-Ebene ist dieselbe Kinematik vorgesehen. Die Anordnung der Viergelenke ist, nur um 90° gedreht, im Gesamtsystem integriert. Somit ergibt sich ein Gesamtsystem mit 4 Lenkeranordnungen. Um eine möglichst kompakte Bauweise zu erhalten, werden diese Lenkeranordnungen ineinander verschachtelt. Das realisierte Toleranzausgleichsmodul ist in Abbildung 4.6 dargestellt. In den zwei Schnittebenen sind die jeweiligen Lenkeranordnungen zu erkennen.

Die erforderliche Nachgiebigkeit in Fügerichtung, also in z-Richtung, wird durch das gleichzeitiges Ansprechen des unteren und des oberen Viergelenks realisiert. Wird eine vorher eingestellte Fügekraft überschritten, gibt das Toleranzausgleichssystem in Fügerichtung nach. Diese Bewegung kann zusätzlich mit Hilfe eines Sensors abgefragt und ein Fügevorgang gegebenenfalls abgebrochen werden. Man erhält so zusätzlich ein Kollisionsschutz.

Dieses Modul dient zum passiven Toleranzausgleich translatorischer Fehler für eine Fügestelle entsprechend einer Festlagerung. Bei einem Loslager liegen andere Kraftverhältnisse vor. Beispielsweise kann die Reaktionskraft am Festlager auch eine Bewegung des Toleranzausgleichsmoduls am Loslager bewirken. Aus diesem Grund sind hier weitere Toleranzausgleichsmodule erforderlich.

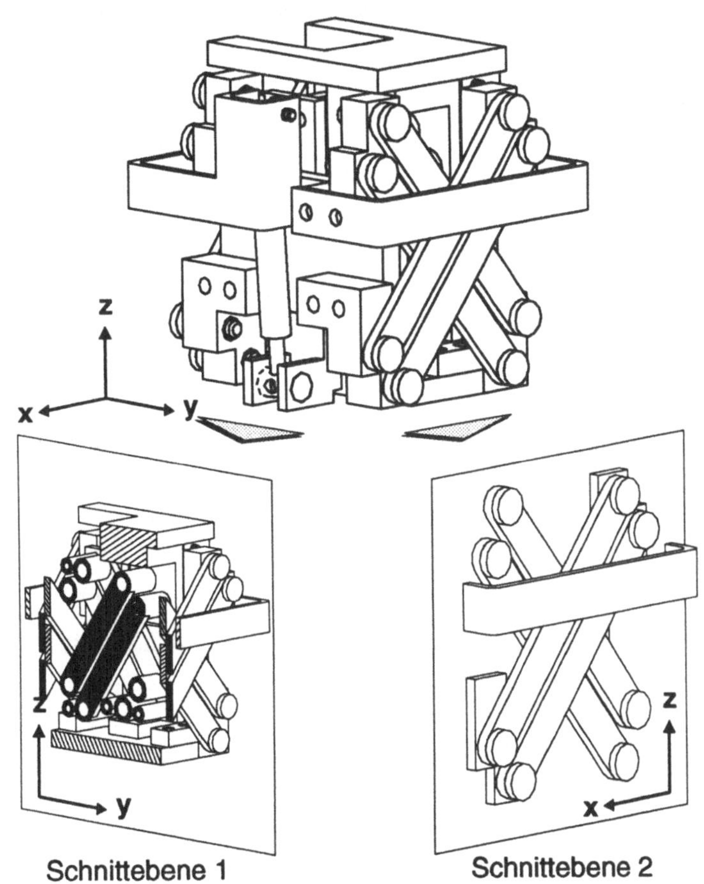

Abb. 4.6: Realisiertes Toleranzausgleichssystem

4.3.3.2 Konzeption des Toleranzausgleichs am Loslager (Scherenmodul 1 D und Translationsmodul)

Während beim Festlager die Toleranzausgleichskräfte in ± x-Richtung und in ± y-Richtung aufgrund des Bauteilkontaktes an der Fügefase entstehen, ergibt sich beim Loslager nur in einer Toleranzausgleichsrichtung eine resultierende Reaktionskraft infolge einer Berührung an der Fase. Aus diesem Grund genügt bei einer Fügestelle entsprechend eines Loslagers ein Toleranzausgleichssystem mit einer Scherenkinematik in einer Ebene (Scherenmodul 1 D). Die konstruktive Ausführung vereinfacht sich entscheidend.

Die Toleranzausgleichskraft in der zweiten, dazu senkrechten Richtung entsteht nicht aufgrund eines Bauteilkontaktes am Loslager und der Fase, sondern infolge der Zwangsbewegung des Bauteils als Starrkörper. Die Reaktionskraft am Festlager bewirkt, daß sich das gesamte Bauteil verschiebt und deshalb muß auch am Loslager eine Verschiebemöglichkeit vorgesehen werden. Die Toleranzausgleichskraft wird über das Bauteil übertragen und hat nach Abbildung 4.7 ein horizontale Kraftrichtung (F_x). Um diese horizontal wirkende Kraft direkt in das Toleranzausgleichssystem einleiten zu können, ist hier eine translatorische Toleranzausgleichsbewegung erforderlich. Der passive Toleranzausgleich am Loslager setzt sich daher aus einem Scherenmodul 1 D und einem Translationsmodul zusammen.

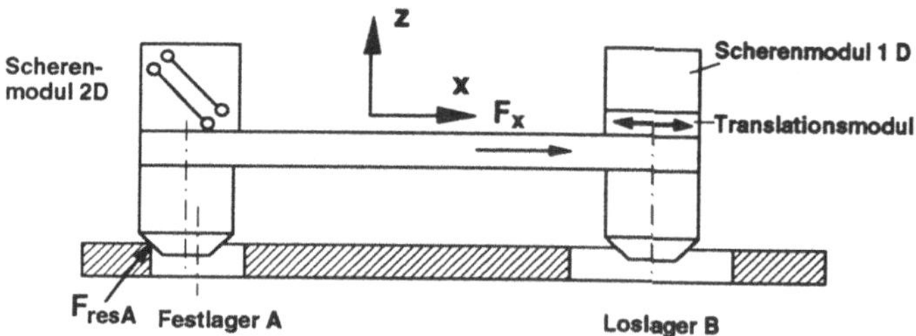

Abb. 4.7: Zusammenhang der Kräfte am Fest- und am Loslager

4.3.3.3 Überblick der unterschiedlichen Toleranzausgleichsmodule

Abbildung 4.8 zeigt die unterschiedlichen Toleranzausgleichsmodule sowie deren Symbolik. Die translatorischen Ausgleichsbewegungen können mit drei unterschiedlichen Modulen realisiert werden. Durch diese Symbolik läßt sich ein Greifwerkzeug mit dem entsprechenden Toleranzausgleich für einen beliebigen Anwendungsfall konzipieren.

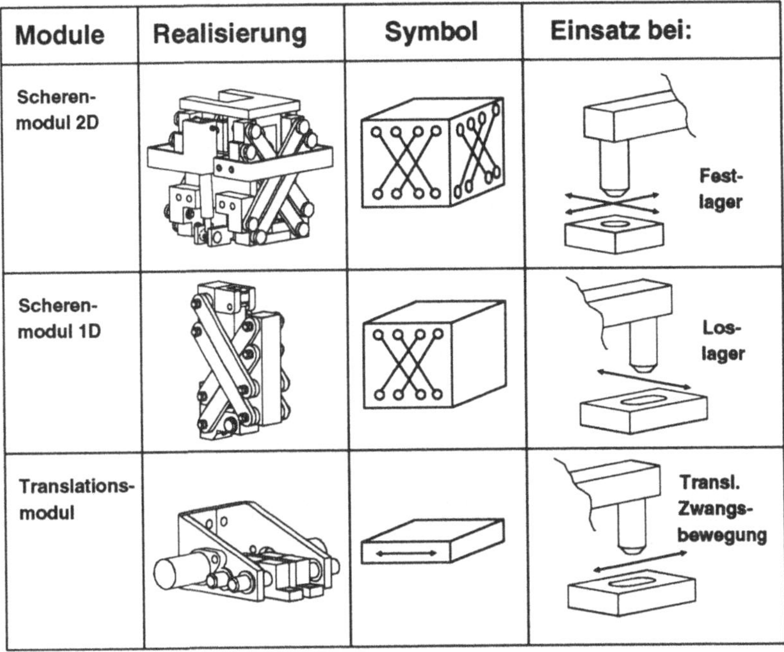

Abb. 4.8: Module für den passiven Toleranzausgleich für Bauteile mit mehreren Fügestellen

4.3.3.4 Konzeption des Toleranzausgleichs am Beispiel eines Bauteils mit 3 Fügestellen

In Abbildung 4.9 ist die Vorgehensweise an einem Bauteil mit drei Fügestellen dargestellt. Bei den Fügestellen handelt es sich um Loslager. Aus diesem Grund kommt an jeder Fügestelle ein Scherenmodul 1 D in Verbindung mit einem Translationsmodul zum Einsatz. Diese Module werden an einem Greifer, der am Roboter angeflanscht ist, befestigt.

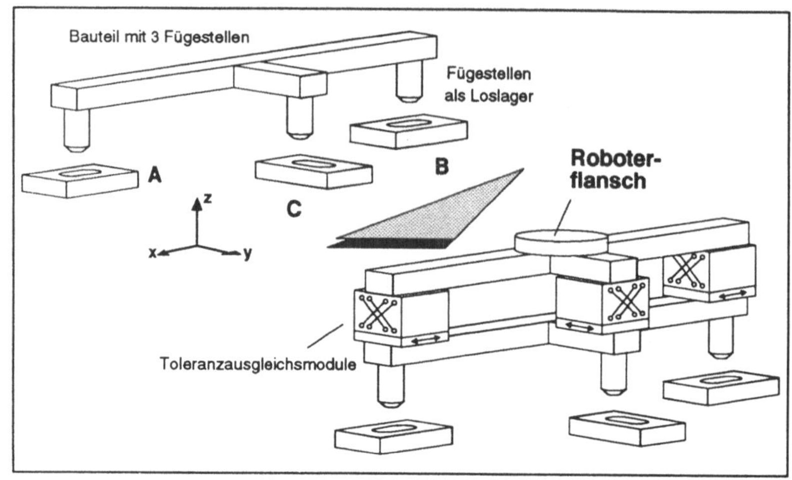

Abb. 4.9: Vorgehensweise beim Einsatz der Toleranzausgleichsmodule am Beispiel eines Bauteils mit 3 Fügestellen

4.3.4 Berechnung, Kennlinie

4.3.4.1 Scherenmodul

Um ein gutes Ansprechverhalten zu erzielen, ist eine optimale Krafteinleitung in das Toleranzausgleichssystem nötig. Aus diesem Grund werden nicht nur eine Komponente, sondern die gesamten Reaktionskräfte für die Ausgleichsbewegung verwendet.

Abbildung 4.10 zeigt die Geometrie sowie die Kraftverhältnisse des Toleranzausgleichssystems beim Fügen. Die Kennlinie läßt sich mit Hilfe der Kräfte- bzw. Momentengleichgewichte analytisch berechnen.

$\Sigma\, Fx = 0:$

$$F_x - F_1 \cdot \sin(\varphi_0+\varphi) - F_2 \cdot \sin(\varphi_0+\varphi) - F_p \cdot \cos(\upsilon_0+\upsilon) = 0 \qquad (4.1)$$

$\Sigma\, Fz = 0:$

$$F_z + F_1 \cdot \cos(\varphi_0+\varphi) + F_2 \cdot \cos(\varphi_0+\varphi) - F_p \cdot \sin(\upsilon_0+\upsilon) - m \cdot g = 0 \qquad (4.2)$$

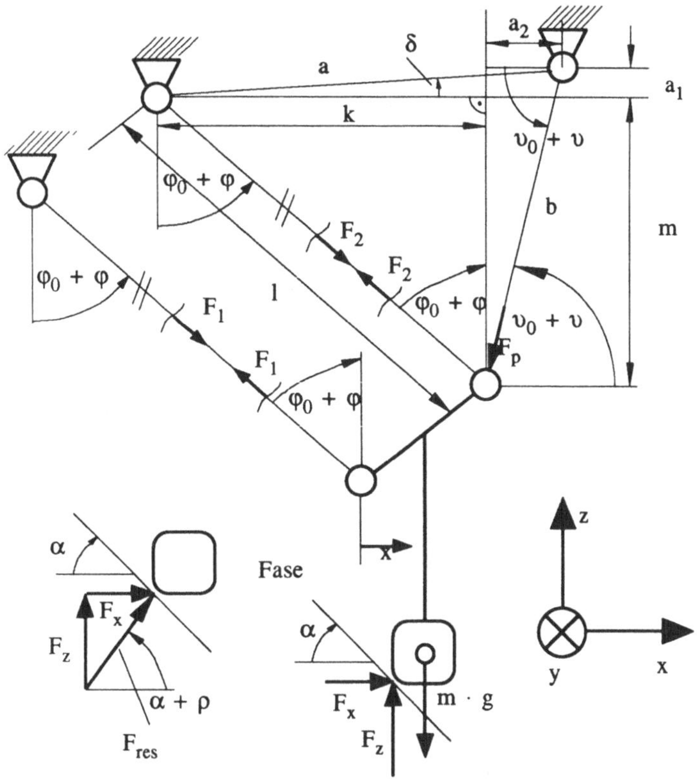

Abb. 4.10: Geometrie- und Kraftverhältnisse am Scherensystem

Weiterhin besteht ein Zusammenhang zwischen den Reaktionskräften F_x und F_z:

$$F_x = F_{res} \cdot cos(\alpha + \rho) \text{ und } F_z = F_{res} \cdot sin(\alpha + \rho) \tag{4.3}$$

Da die Wirkungslinien von F_1 und F_2 parallel verlaufen, lassen sich mit Hilfe dieser Beziehungen die gesuchten Kraftverläufe eindeutig ermitteln.

Aufgrund der geometrischen Verhältnisse besteht ein Zusammenhang zwischen dem Toleranzausgleichsweg x und dem Winkel φ bzw. dem Winkel υ. Nach Abbildung 4.10 ergibt sich folgender Zusammenhang.

$$x = l \cdot sin(\varphi_0+\varphi) - l \cdot sin\varphi_0 \tag{4.4}$$

Die Gleichung (4.4) läßt sich so umstellen, daß der Term $sin(\varphi_0+\varphi)$ direkt in die Gleichgewichtsbedingungen eingesetzt werden kann:

$$sin(\varphi_0+\varphi) = (x/l) + sin\varphi_0 \tag{4.5}$$

In gleicher Weise ergibt sich ein Zusammenhang für den Term $cos(\varphi_0+\varphi)$:

$$\cos(\varphi_0+\varphi) = \sqrt{1-(\frac{x}{l}+sin\,\varphi_0)^2} \tag{4.6}$$

Der Zusammenhang zwischen dem Toleranzausgleichsweg x und der Änderung des Winkels υ zwischen der Kraftrichtung F_p und der Horizontalen ist etwas aufwendiger. Mit Hilfe der beiden Dreiecke mit den Kanten l, m, k und (m + a_1), a_2, b lassen sich die Abhängigkeiten ermitteln.

$$k = l \cdot sin\,(\varphi_0 + \varphi) \tag{4.7}$$

$$m = l \cdot cos\,(\varphi_0 + \varphi) \tag{4.8}$$

Mit (4.7) errechnet sich a_2 zu:

$$a_2 = a \cdot cos\,\delta - k\ = a \cdot cos\,\delta - k \cdot l \cdot sin(\varphi_0 + \varphi) \tag{4.9}$$

Mit den Gleichungen (4.7) und (4.9) lassen sich die Terme sin $(\upsilon_0 + \upsilon)$ und cos $(\upsilon_0 + \upsilon)$ als Funktion von $\varphi_0 + \varphi$ darstellen:

$$cos\,(\upsilon_0 + \upsilon) = a_2/b = (a \cdot cos\,\delta - k)/b \tag{4.10}$$

und:

$$sin\,(\upsilon_0 + \upsilon) = (a_1 + m)/b \tag{4.11}$$

mit:

$$a_1 = a * \sin\delta \quad und \quad b = \sqrt{a_2^2 + (a_1 + m)^2} \tag{4.12}$$

Mit Hilfe der Gleichungen (4.1) bis (4.3) sowie den geometrischen Beziehungen können die gewünschten Zusammenhänge abgeleitet werden:

$$F_x = \frac{m * g + F_p * [\sin(\upsilon_0 + \upsilon) + \frac{\cos(\upsilon_0 + \upsilon) * \cos(\varphi_0 + \varphi)}{\sin(\varphi_0 + \varphi)}]}{\frac{\sin(\theta + \rho)}{\cos(\theta + \rho)} + \frac{\cos(\varphi_0 + \varphi)}{\sin(\varphi_0 + \varphi)}} \qquad (4.13)$$

$$F_z = \frac{m * g + F_p * [\sin(\upsilon_0 + \upsilon) + \frac{\cos(\upsilon_0 + \upsilon) * \cos(\varphi_0 + \varphi)}{\sin(\varphi_0 + \varphi)}]}{1 + \frac{\cos(\theta + \rho) * \cos(\varphi_0 + \varphi)}{\sin(\theta + \rho) * \sin(\varphi_0 + \varphi)}} \qquad (4.14)$$

Das Ergebnis des realisierten Scherensystems ist eine Funktion der Toleranzausgleichskraft über den Ausgleichsweg sowie der Fügekraft über den Ausgleichsweg. In der Abbildung 4.11 sind die Kennlinien der Kraftverläufe über den Ausgleichsweg dargestellt. Es ist zu erkennen, daß die Fügekraft sowie die Ausgleichskraft nahezu konstant verlaufen. Sie entsprechen somit der charakteristischen Kennlinie der geraden Fase. Die Fügekraft läßt sich explizit über den Druck in den pneumatischen Nachgiebigkeitselementen einstellen.

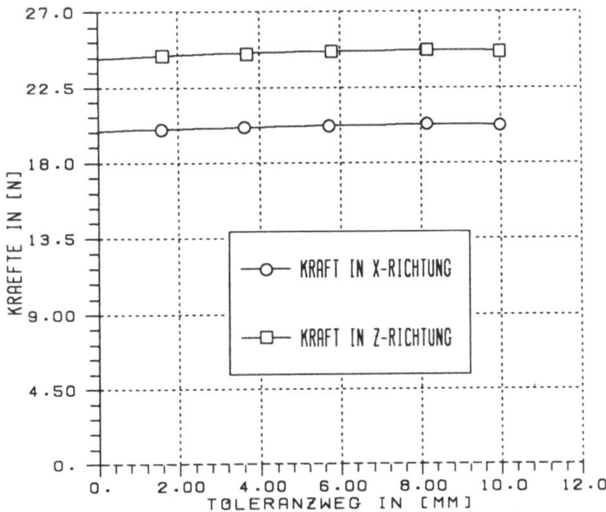

Abb. 4.11: Berechnete Verläufe der Fügekraft F_Z und der Ausgleichskraft F_X

4.3.4.2 Vergleich zwischen RCC-System und Scherensystem

Die mit dem Scherensystem erzielbaren Ergebnisse können einfach in einem Vergleich zum RCC-System dargestellt werden. Zum Vergleich dienen das realisierte Scherensystem und ein kommerziell verfügbares Toleranzausgleichssystem, das die RCC-Kinematik aufweist und mit Scherkissenelementen aus einem Elastomerwerkstoff als Nachgiebigkeitselemnete ausgestattet ist. Der Fügeprozeß eines Bauteils läßt sich in drei Phasen einteilen (Abb. 4.12). Die Phase 1 beschreibt die Bewegung des Bauteils auf die Fase des Fügepartners zu. In der Phase 2 bewegt sich das Bauteil entlang der Fügeschräge des Fügepartners und in der Phase 3 findet der eigentliche Fügeprozeß statt. Beim Fügen kann hier von einer konstanten Fügegeschwindigkeit ausgegangen werden. Von Bedeutung sind die Kraftverhältnisse, die Impulsänderungen sowie die Energieverhältnisse beim Fügen. Der Vergleich bezieht sich auf eine Standardfase mit einem Fasenwinkel von 45°.

In der Phase 1 sind die Verhältnisse bei beiden Toleranzausgleichssystemen identisch. In beiden Fällen bewegt sich das Bauteil mit konstanter Geschwindigkeit auf die Fügeschräge zu. Da noch kein Bauteilkontakt stattfindet, wirken in beiden Fällen keine Reaktionskräfte.

Der Übergang von Phase 1 in die Phase 2 erfolgt durch einen elastischen Stoß. Die Phase 2 stellt die Phase der Ausgleichsbewegung dar. Da beim RCC-System die Toleranzausgleichsbewegung horizontal in x-Richtung erfolgt, verdoppelt sich bei konstanter Fügegeschwindigkeit v_z und einem Fasenwinkel von 45° die Absolutgeschwindigkeit v_{abs}. Die Ausgleichsbewegung beim Scherensystem besitzt neben der Bewegung in x-Richtung zusätzlich eine Komponente in Fügerichtung, also in z-Richtung. Dadurch bleibt der Betrag der Absolutgeschwindigkeit v_{abs} konstant. Es ändert sich lediglich die Richtung der Absolutgeschwindigkeit. Aus diesem Grund hat beim Übergang von Phase 1 in die Phase 2 beim RCC-System der elastische Stoß eine Verdoppelung der kinetischen Energie zur Folge. Beim Scherensystem bleibt die kinetische Energie konstant. Aufgrund der Nachgiebigkeit in Fügerichtung läßt sich beim Scherensystem eine konstante Fügekraft einstellen, wodurch sich ebenfalls ein konstanter Kraftverlauf der Ausgleichskraft über den gesamten Bereich der Toleranzausgleichsbewegung ergibt. Beim RCC-System steigen Fügekraft und Ausgleichskraft linear mit dem Ausgleichsweg an. Es können daher entsprechend Kap. 2.2.3.3 erhöhte Fügekräfte auftreten.

Die Phase 3 stellt die Phase des eigentlichen Fügeprozesses dar. Der Übergang von Phase 2 zur Phase 3 erfolgt beim RCC-System wiederum mit einer Änderung der kinetischen Energie. Aufgrund der ausgeführten Toleranzausgleichsbewegung ist in der Phase 3 das RCC-System vorgespannt. Diese Vorspannkraft bewirkt, daß der Bolzen beim Fügen in die Bohrung zusätzlich an die Wand gedrückt wird. Es entsteht daher zusätzlich eine zu überwindende Reibkraft. Das Scherensystem zeichnet sich dadurch aus, daß wiederum keine Änderung der kinetischen Energie auftritt. Zum Fügen des Bauteils muß nur

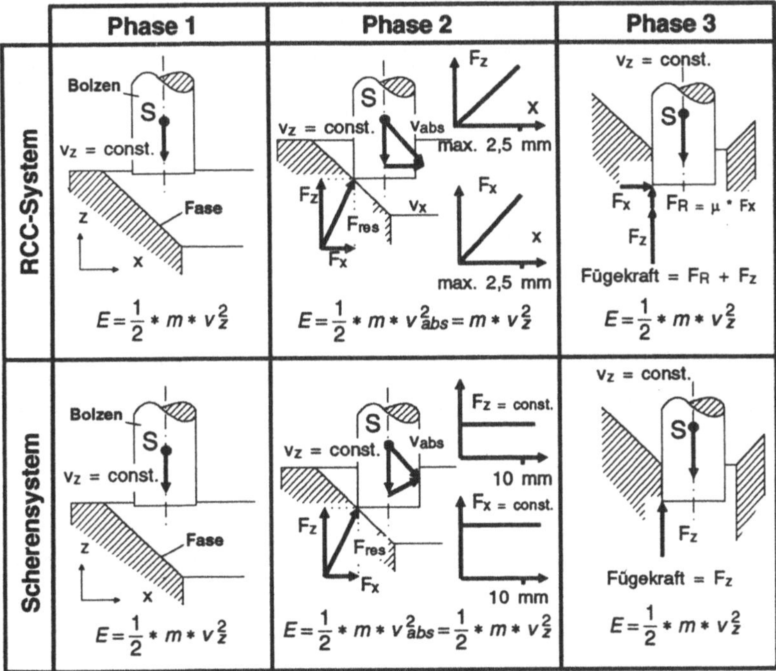

Abb. 4.12: Vergleich zwischen dem RCC-System und dem Scherensystem am Beispiel des Fügens eines Bolzens in eine Bohrung

die nötige Fügekraft F_z aufgebracht werden. Da das Scherensystem auf eine definierte Fügekraft eingestellt ist, bewirkt eine Ausgleichsbewegung keine zusätzlichen Vorspannkräfte. Eine zusätzliche Reibkraft tritt nicht auf.

Diese Zusammenhänge lassen sich durch Messungen der Fügekräfte sowie der Ausgleichskräfte verifizieren. Die Versuchsergebnisse sind in Abbildung 4.13 dargestellt. Die Versuchsdurchführung erfolgt mit einer CNC-Fräsmaschine, die anstelle eines Fräsers einmal das RCC-System und zum Vergleich das Scherensystem aufnimmt. Als Fügevorgang dient ein Bolzen mit dem Durchmesser von 25 mm, der mit einer e6/H7 Passung in eine Bohrung mit konstanter Vorschubgeschwindigkeit gefügt wird. Der Fügepartner, in dem sich die Bohrung befindet, ist an einem Kraft-Momenten-Sensor befestigt. Die Auswertung der Fügeversuche erfolgt mit einem PC, der die Verläufe der auftretenden Kräfte und Momente aufzeichnet und abspeichert. Mit diesem Versuchsaufbau lassen sich die Fügekräfte und die Ausgleichskräfte während des Fügeprozesses in Abhängigkeit des Versatzes in x-Richtung bzw. in y-Richtung ermitteln. Abbildung 4.13 zeigt die Versuchsergebnisse bei einem Versatz von 4 mm. Während sich beim Scherensystem - rechte Spalte - nahezu konstante Kraftverläufe ergeben, steigen beim RCC-System sowohl die Fügekraft F_z als auch die Ausgleichskraft F_x beim Auftreffen auf die Fase stark an. Die Fügekraft springt sogar auf Werte außerhalb des Meßbereiches. Dieser Sprung charakterisiert einen heftigen Stoß beim Auftreffen des Bolzens auf die Fase der Bohrung.

Das vorgestellte Scherensystem ist geeignet, Toleranzen bis zu 10 mm zu kompensieren. Es weist ein besseres Ansprechverhalten als das RCC-System auf, es reagiert also weicher. Aufgrund der günstigeren Stoßbedingungen treten keine erhöhten Bauteilbeanspruchungen auf. Weiterhin dient das Scherensystem als Kollisionsschutz, da durch die Scherenkinematik eine Bewegung in Fügerichtung möglich ist. Es können definierte Fügekräfte durch die Vorspannung der Pneumatikelemente eingestellt werden. Beim Überschreiten dieser Fügekräfte gibt das System in Fügerichtung nach.

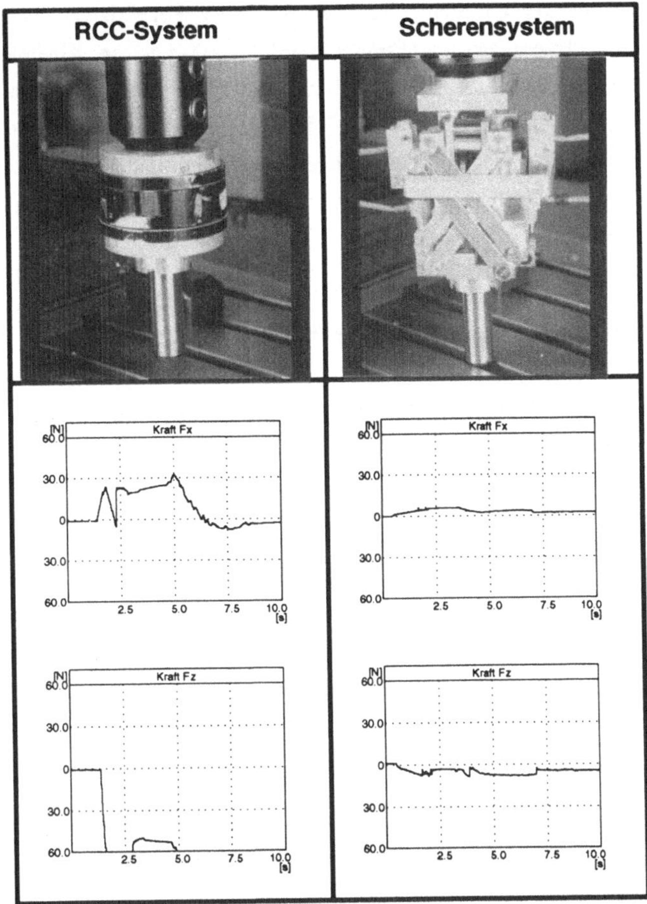

Abb. 4.13: Vergleich der Meßergebnisse des RCC-Systems und des Scherensystems bei einem translatorischen Fehler von 4 mm

4.3.5 Toleranzausgleich der rotatorischen Fehler

Rotatorische Fehler entstehen in erster Linie aufgrund von Zwangsbewegung der translatorischen Ausgleichsbewegungen. Rotatorische Ausgleichsbewegungen sind daher nötig, um Verspannungen zwischen den translatorischen Toleranzausgleichsmodulen zuzulasssen. Aufgrund der auszugleichenden Fehlergrößen sind die rotatorischen Fehler bei Bauteilen mit mehreren Fügestellen als Fehler zweiter Ordnung einzuordnen. In der Regel ist es daher nicht erforderlich, Toleranzausgleichsmodule mit einer eingenen Kinematik und eigenen Nachgiebigkeitselementen einzusetzen, sondern es genügt eine Nachgiebigkeit, die beispielsweise in den Wirkflächen des Greifwerkzeuges untergebracht sind. Die Rotationsbewegungen lassen sich daher einfach mit Elastomerelementen realisieren, die entweder in der Greiferaufhängung oder in den Greiferbacken integriert sind.

4.4 Einsatz von Rechnerhilfsmitteln

4.4.1 Parametrierte Variantenkonstruktion mit Hilfe von CAD

4.4.1.1 Einführung

Die entwickelten Toleranzausgleichsmodule können als Standardsysteme für den passiven Toleranzausgleich bei Bauteilen mit mehreren Fügestellen angesehen werden. Insbesondere die Konstruktion der Scherenmodule ist von wenigen Parametern abhängig. Parametrierte Variantenkonstruktionen mit Hilfe der elektronischer Datenverarbeitung können hier den Konstruktionsaufwand und die Konstruktionszeiten minimieren und die Konstruktionsqualität erhöhen [VDI 2211].

Für die rechnerunterstütze Konstruktion gibt es inzwischen viele unterschiedliche CAD-Systeme. Die verschiedenen Systeme unterscheiden sich je nach Leistungsfähigkeit hinsichtlich der rechnerinternen Abbildung. Geometrien werden als Kantenmodell, als Flächenmodell oder als Volumenmodell hinterlegt. Während Geometrien, die mit einem Kanten- oder Flächenmodell dargestellt sind, mathematisch nicht eindeutig beschrieben werden, wird ein Objekt durch das Volumenmodell exakt definiert [STRO 92]. Mit Hilfe volumenorientierter CAD-Systme lassen sich die Geometriedaten umfassend bearbeiten und realitätsnahe Darstellungen erzeugen. Für den Rechnereinsatz bei der Montageplanung sind ebenfalls 3D-Geometrien nötig [WOEN 91, SCHR 91].

Als Entwicklungsumgebung für die parametrierte Variantenkonstruktion kommt das 3D-CAD-System Euclid zum Einsatz. Euclid verfügt über eine FORTRAN-Programmierschnittstelle, die dem Benutzer die Möglichkeit einräumt, eigene Anwendungsprogramme in das System einzubinden. Variantenkonstruktionen sowie häufig verwendete Teile, Norm- oder Standardteile, lassen sich so automatisch generieren. Im Fall der parametrierten Variantenkonstruktion des Toleranzausgleichssystems kommen zwei im Rahmen der Arbeit entwickelte Programmodule zum Einsatz. Das eine dient für die Konstruktion des Toleranzausgleichssystems und das andere für die Berechnung der Nachgiebigkeitselemente.

4.4.1.2 Rechnerunterstützte Konstruktion und Berechnung des Toleranzausgleichssystems

Mit Hilfe des realisierten Programms läßt sich entsprechend der Eingabe verschiedener Parameter die Geometrie des Toleranzausgleichssystems generieren und die Berechung der Nachgiebigkeitselemente durchführen.

Entscheidend sind nach Abbildung 4.14 die auszugleichenden Fehlergrößen, der Fasenwinkel und die Reibungsverhältnisse zwischen Fase und Fügestelle. Die Geometrie des Bauteils an der Fügestelle - rund oder eckig - beeinflußt weiterhin die Größe der Ausgleichsbewegung. Aus diesen Faktoren können die Parameter Lenkerlänge l und Anstellwinkel φ_0 berechnet und das Scherenmodul graphisch interaktiv generiert werden.

Für die Auslegung der Nachgiebigkeitselemente sind weitere Faktoren von Bedeutung. Die einzustellende Kraft F_P ist von dem Winkel γ der Fügerichtung zur Wirkungslinie der Schwerkraft, der Fügekraft und der Masse der zu fügenden Bauteile abhängig.

Während beispielsweise beim vertikalen Fügen - Fügebewegung von oben nach unten bedeutet einen Winkel $\gamma = 0°$ - die Vorspannungen für die unterschiedlichen Scherensysteme gleich sind, kann beim waagerechten Fügen das System durch unterschiedliche Vorspannkräfte in der Nullage gehalten und eine Gewichtskompensation erreicht werden.

Die entsprechende Werte werden graphisch interaktiv eingegeben und die unterschiedlichen Vorspannkräfte vom System berechnet.

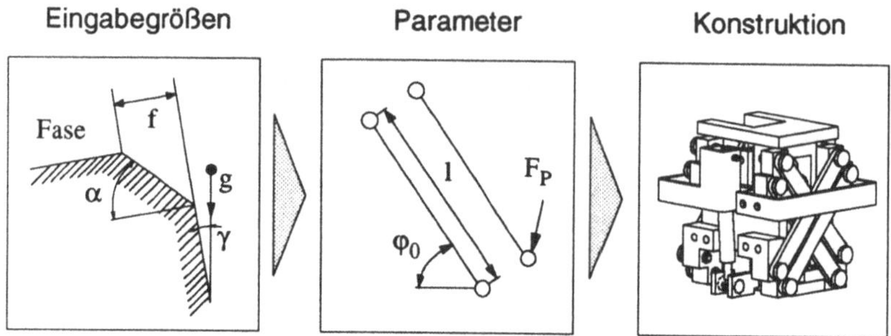

Abb. 4.14: Eingabegrößen und Parameter bei der parametrierten Variantenkonstruktion

Die Konstruktion der Scherenelemente wurde in Form eines Variantenprogrammes parametriert und kann als Benutzeranwendung im CAD-System Euclid aufgerufen werden.

4.4.2 Einsatz der FE-Methode als Konstruktionshilfsmittel

4.4.2.1 Einführung

Die rotatorischen Ausgleichsbewegungen lassen sich einfach mit Elastomerelementen realisieren, die entweder in der Greiferaufhängung oder in den Greiferbacken integriert sind. Während sich die angesprochene Scherenkinematik analytisch berechnen läßt, sind für Berechnungen mit komplexen Geometrien und nichtlinearem Materialverhalten numerische Verfahren nötig. Mit Hilfe der Finiten-Elemente-Methode lassen sich solche Problemstellungen lösen.

Die Methode der finiten Elemente wird häufig eingesetzt, um Fragestellungen auf dem Gebiet der Festkörper- und Strukturmechanik, der Akkustik, der Thermodynamik und der Strömungsmechanik zu beantworten. Neben der Ermittlung von einfachen Reaktionen eines Bauteils auf eine Belastung lassen sich auch Montageprozesse analysieren und Fügebewegungen optimieren [MIKS 91].

Im Rahmen der Arbeit soll der Einsatz der Finiten-Elemente-Methode bei der Entwicklung der Nachgiebigkeiten für den rotatorischen Toleranzausgleich aufgezeigt werden. Es lassen sich dadurch die Anzahl von Praxisversuchen reduzieren und in einer kurzen Konstruktionszeit spezielle Lösungen entwickeln.

4.4.2.2 Vorgehensweise

Entscheidend beim Einsatz der Finiten-Elemente-Methode ist die Modellbildung und das Rechenverfahren. Da in der Regel keine absoluten Größen benötigt werden, um ein Bauteilverhalten abzuschätzen, sollten möglichst einfache Modelle sowie einfache Berechnungsverfahren angewendet werden. Der in Abbildung 4.15 dargestellte Greifer mit seinen Greiferbacken läßt sich für die Berechnung mit der Finiten-Elemente-Methode auf ein einfaches Modell und ein einfaches zweidimensionales Berechnungsverfahren zurückführen. Entscheidend ist die Abstraktion vom realen Bauteil zum FE-Modell.

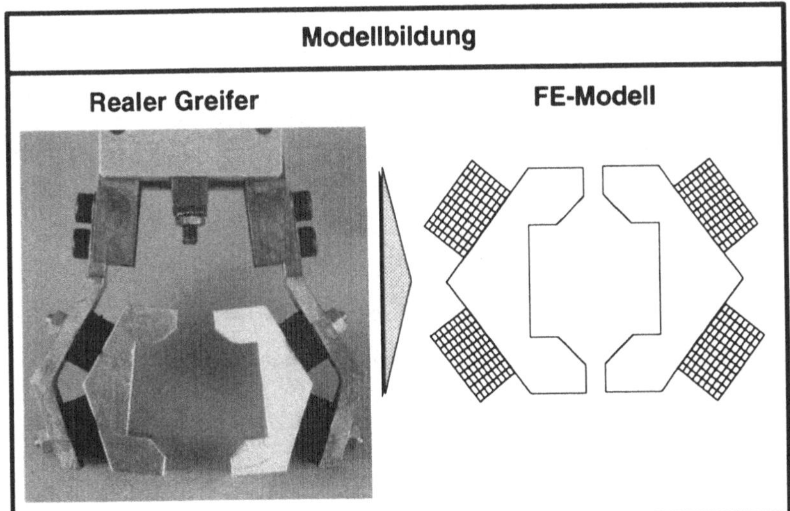

Abb. 4.15: Modellbildung bei der Finiten-Elemente-Simulation

Mit diesem vereinfachten Modell soll am Beispiel des angeführten Greifers durch die Variation der Lage der Elastomerelemente in den Greiferbacken die optimale Anordnung ermittelt werden.

4.4.2.3 Ergebnis

Bei dem angeführten Berechnungsbeispiel ist es von Bedeutung, daß sich die Greiferbacken, und damit auch das Bauteil im Greifer, beim Einwirken der Reaktionskraft F_{res}, die beim Auftreffen des Bauteils an die Fügefase entsteht, möglichst nicht bewegen. Insbesondere eine Verdrehung muß verhindert werden.

Die in der Abbildung 4.16 dargestellten Ergebnisse der Berechnung mit Hilfe der Finiten-Elemente-Berechnung zeigen drei Iterationsschritte für die Ermittlung der optimalen Anordnung der Elastomerelemente in den Greiferbacken. Zur besseren Darstellung ist der Ausgangszustand als Referenz zur verformten Struktur gestrichelt dargestellt. Die nicht gestrichelte Struktur zeigt das Verformungsverhalten beim Einwirken der resultierenden Reaktionskraft F_{res}.

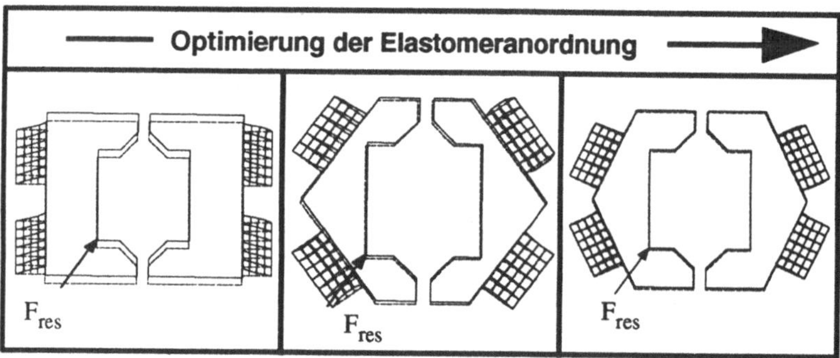

Abb. 4.16: Optimierung der Elastomeranordnung mit Hilfe der Finiten-Elemente-Methode

4.5 Applikationsbeispiel: Fügen von Dornleisten

4.5.1 Problemstellung

Am Beispiel des Fügens von Dornleisten wird der Einsatz der entwickelten Toleranzausgleichsmodule näher erläutert. Dornleisten dienen bei der Herstellung von Formschläuchen (s. Kap. 5.4.3) als Träger der Formdorne. Ein Industrieroboter soll mit einem geeigneten toleranzausgleichenden Greifwerkzeug die Dornleiste in die Aufnahmen einer Palette fügen (Abb. 4.17). Aufgrund der großen Abmessungen der Dornleisten - ca. 1 Meter Länge - und der Toleranzen, die sich infolge ungenauer Positionierung, ungenauer Fertigung, etc. ergeben, sind die Aufnahmen der Dornleisten in der Palette mit Fügeschrägen von ± 10 mm versehen. Dementsprechend ist ein Greifer für das automatische Fügen der Dornleisten in die Aufnahmen der Palette nötig, der mit Hilfe passiver Toleranzausgleichsmechanismen diese Toleranzen von ± 10 mm kompensieren kann.

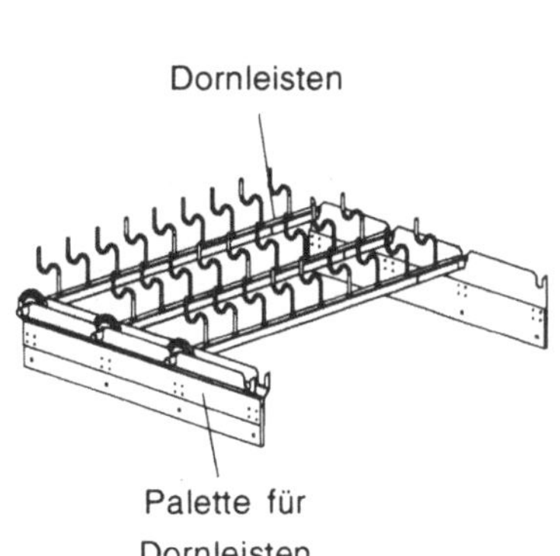

Abb. 4.17: Versuchsanlage für das Fügen von Dornleisten

4.5.2 Konzeption des toleranzausgleichenden Greifwerkzeuges

Bei der Dornleiste handelt es sich um ein Bauteil mit zwei Fügestellen, wobei sich an der einen Seite eine Festlagerung und an der anderen Seite eine Loslagerung befindet. Das Greifwerkzeug mit den nötigen passiven Toleranzausgleichsmechanismen läßt sich entsprechend der entwickelten Toleranzausgleichsmodule ableiten. Die Dornleiste wird in der Nähe der Fügestellen gegriffen. Die linke Fügestelle der Dornleiste entspricht einer Festlagerung. Hier kommt das Scherensystem 2 D zum Einsatz. Demgegenüber befindet sich an der rechten Seite des Greifers die Kombination des Scherensystems 1 D und des Linearmoduls. Hier werden Toleranzen aufgrund der Loslagerung

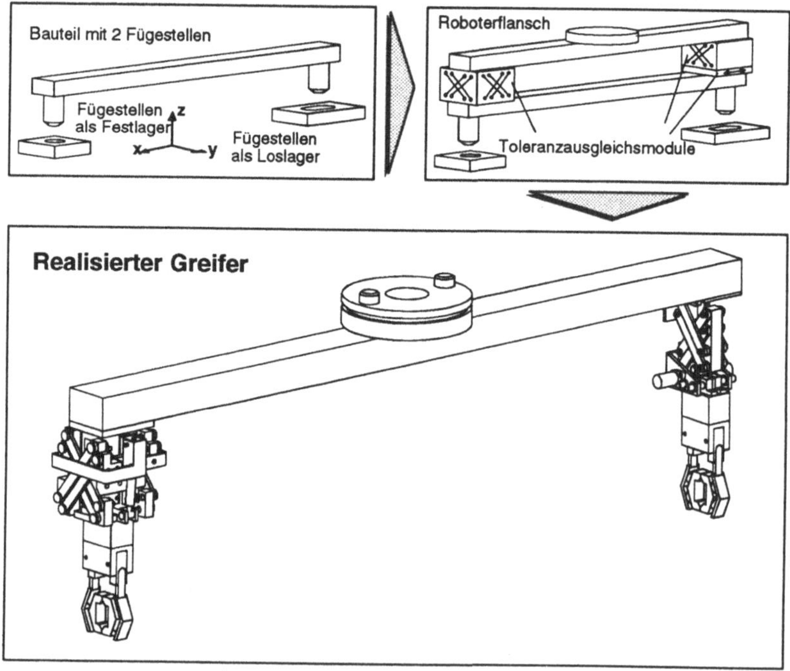

Abb. 4.18: Vorgehensweise bei der Konzeption des toleranzausgleichenden Greifwerkzeuges

quer zur Dornleiste sowie Zwangsbewegungen in Richtung der Dornleiste kompensiert. Die Toleranzausgleichselemente für den rotatorischen Toleranzausgleich sind in Form von Elastomeren in den Greiferbacken realisiert. In Abbildung 4.18 ist die Vorgehensweise für die Konzeption des toleranzausgleichenden Greifwerkzeuges sowie der realisierte Greifer dargestellt. Der realisierte Greifer kompensiert translatorische Fehler von ± 10 mm in jeder Richtung. Die auftretenden rotatorischen Zwangbewegungen übernehmen die vorgesehenen Elastomerelemente in den Greiferbacken. Dadurch konnte ein sicherer Fügeprozeß gewährleistet und die Funktionsweise in der Versuchsanlage verifiziert werden.

4.6 Zusammenfassung

Der Toleranzausgleich bei Bauteilen mit mehr als einer Fügestelle läßt sich in translatorische und rotatorische Ausgleichsbewegungen unterteilen. Der translatorische Toleranzausgleich kann auf drei Standardmodule zurückgeführt werden, die dezentral in der Nähe der Fügestellen angebracht sind. Bei der Konzeption der Scherenmodule stand ein gutes Ansprechverhalten, die definierte Einstellbarkeit sowie die analytische Auslegung im Vordergrund. Das entwickelte parametrierte Variantenprogramm vereinfacht die Anpassung dieser Toleranzausgleichsmodule an verschiedene Fasenwinkel und unterstützt den Konstrukteur bei der Berechnung der nötigen Vorspannkräfte im System.

Die rotatorischen Zwangsbewegungen kompensieren Elastomerelemente, die entweder in den Greiferbacken oder in der Greiferaufhängung integriert werden. Weiterhin wurde der Einsatz numerischer Berechnungsverfahren bei der Auslegung und Berechnung der Elastomerelemente für den Ausgleich rotatorischer Fehler aufgezeigt. Die Verifizierung der Funktionsweise erfolgte in einer Versuchsanlage, in der Dornleisten als Bauteil mit zwei Fügestellen gefügt werden.

5 Einsatz komplienter Systeme bei komplexen Bewegungen

5.1 Einleitung

In Kapitel 2 wurden bereits die Einsatzgebiete sowie die Ziele für den Einsatz komplienter Systeme strukturiert. Während sich bei einfachen Bewegungen kompliente Systeme zum passiven Toleranzausgleich einsetzen und dementsprechend Standardlösungen, beispielsweise das RCC-System oder die Module entsprechend Kapitel 4, entwickeln lassen, ist das bei komplexen Bewegungen nicht der Fall. Hier ist oftmals die Intuition des Planers gefordert. Neben dem passiven Toleranzausgleich kommt hier dem Einsatz komplienter Systeme eine weitere Funktion zu. Automatisierungansätze lassen sich damit sehr vereinfachen und so erst wirtschaftlich und beherrschbar gestalten. Die unterschiedlichen Effekte, die mit Hilfe der Komplienz erzielbar sind, hängen entscheidend von dem jeweiligen Einsatzfall ab. Ziel dieses Kapitels ist es daher, an Hand von Anwendungsbeispielen, die verschiedenen Möglichkeiten einer Bewegungsvereinfachung durch den Einsatz komplienter Systeme aufzuzeigen. Dabei soll die in Kapitel 3 vorgestellte Methodik zur Planung komplienter Systeme angewendet werden.

5.2 Problemstellung

Häufig wird beim Automatisieren versucht, die manuelle Tätigkeit direkt auf einen Roboter zu übertragen. Gerade bei komplexen Bewegungen führt dieses Verfahren aufgrund der fehlenden sensorischen Eigenschaften eines automatischen Systems in vielen Fällen zu sehr komplexen und unwirtschaftlichen Lösungen. Unsicherheiten bei der Prozeßbeherrschung und bei der erreichbaren Taktzeit bewirken, daß die manuelle Tätigkeit die Regel bleibt. Der Einsatz komplienter Systeme soll hier dazu beitragen, wirtschaftliche und prozeßsichere Automatisierungslösungen zu entwickeln. Der Einsatz komplienter System bedient sich der Bauteilgeometrie, die in einem der Montage vorgeschalteten Fertigungsprozeß hergestellt wurde. Die Funktionsweise besteht darin, daß ein Handhabungsgerät eine Grobbewegung vorgibt und die Feinbewegung in die Kinematik und die Nachgiebigkeit des komplienten Systems gelegt wird. Mit diesem Verfahren lassen sich im Sinne einer Bewegungsvereinfachung unterschiedliche Effekte erzielen. Dabei sind entsprechend Kapitel 3 Bauteilgeometrien, der Grad der Zwangskopplung sowie die Kräfte und Momente, die sich durch die Geometrie der Wirkflächen übertragen lassen, entscheidend (Abb. 5.1). Je größer die geometrische Zwangskopplung und die übertragbaren Kräfte und Momente sind, desto mehr Bewegungsanteile können passiv realisiert werden. Es lassen sich zum ersten die Toleranzbreite der Roboterbahn vergrößern (Kap. 5.3), zum zweiten NC-gesteuerte Achsen reduzieren (Kap. 5.4) und zum dritten NC-gesteuerte Achsen eventuell gänzlich vermeiden und die Bewegung auf elementare Grundbewegungen zurückführen (Kap. 5.5). Durch diese Art des Einsatzes komplienter Systeme lassen sich Prozesse beschleunigen, teilweise parallelschalten und dadurch wirtschaftlicher gestalten.

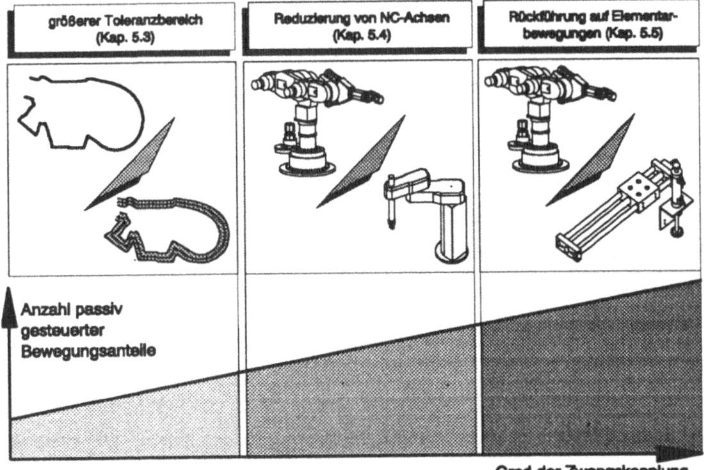

Abb 5.1: Zusammenhang zwischen dem Grad der Zwangskopplung zwischen Bauteil und Werkzeug und der Anzahl der passiv gesteuerten Bewegungsanteile

5.3 Vergrößerung des Toleranzbereiches

5.3.1 Einführung

Bei vielen Automatisierungsvorhaben muß ein Werkzeug entlang der Kontur eines Bauteils bewegt werden. Zu diesem Zweck wird ein Roboter entsprechend programmiert. Die Roboterbewegung entspricht aufgrund von Toleranzen im Bauteil und in der Teilebereitstellung sowie der ungenauen Programmierung und Positionierungenauigkeiten des Roboters oftmals nicht der genauen Bauteilgeometrie. Gerade enge Kurven bzw. Ecken in einem Geometrieverlauf erweisen sich als Automatisierungshemmnis. Läßt die Zwangskopplung zwischen Werkzeug und Bauteil aufgrund der werkzeugspezifischen Einflußgrößen keine Reduzierung der aktiv gesteuerten Bewegungsfreiheitsgrade zu, so ist die Vergrößerung der Toleranzbreite von entscheidender Bedeutung. Durch den Einsatz der Komplienz erfolgt eine Entkopplung der Roboterbewegung von der Bauteilgeometrie.

5.3.2 Einsatzbeispiel: Automatische Dichtschnurmontage

5.3.2.1 Problemstellung und Analyse der geometrischen Wirkflächen

Das Heizungsgehäuse eines Pkw besteht aus zwei Gehäusehälften, um die inneren Bauteile wie Wärmetauscher für Heizung und Klimaanlage, Lüfter und Klappen montieren zu können. Die Abdichtung der beiden Gehäusehälften erfolgt durch eine Dichtschnur, die in eine Nut an einer Gehäusehälfte gefügt wird. Das Heizungsgehäuse und das Fügewerkzeug ist in Abbildung 5.2 dargestellt. Die Formtoleranzen des Gehäuses liegen im Bereich von ± 1,5 mm. Die zweite Gehäusehälfte besitzt einen Steg, der die Dichtschnur in der Nut zusammendrückt und dadurch eine Dichtwirkung erzielt. Bei dem Bauteil handelt es sich um ein formstabiles Kunststoffgehäuse. Der Nutverlauf weist scharfe Ecken und Kanten auf (Abb. 5.2). Die Dichtschnur besteht aus einem Elastomerwerkstoff, hat einen runden Querschnitt und über der Länge keine Formänderungen.

Für das Fügen der Dichtschnur in die Gehäusenut dient ein spezielles Fügewerkzeug, das mit Hilfe einer Einlegedüse die Dichtschnur in die Nut legt [HOSS 92] (s.a. Kap. 3). Es bedient sich einer auf einer Trommel endlos bereitgestellten Dichtschnur. Diese Trommel ist am Fügewerkzeug drehbar mit einem Bremse befestigt und läßt sich leicht austauschen. Die Dichtschnur wird mit Hilfe einer Grobregelung und einem kraftschlüssigem Antrieb abgearbeitet und der Einlegedüse bereitgestellt. Die Einlegedüse transportiert die Dichtschnur pneumatisch und erfüllt die Funktion der Feinregelung. Die Dichtschnur wird dadurch in die Nut dehnungsfrei eingelegt und anschließend durch einen oszillierenden Stempel in die Nut gefügt. Der Stempel folgt direkt im Anschluß an die Einlegedüse und gewährleistet aufgrund der oszillierenden Auf- und Abbewegung auch bei großen Orientierungsänderungen an Kurven im Nutverlauf ein sicheres Fügen. In der Einlegedüse ist zusätzlich ein pneumatisch angetriebenes Messer integriert, das die endlose Dichtschnur ablängt.

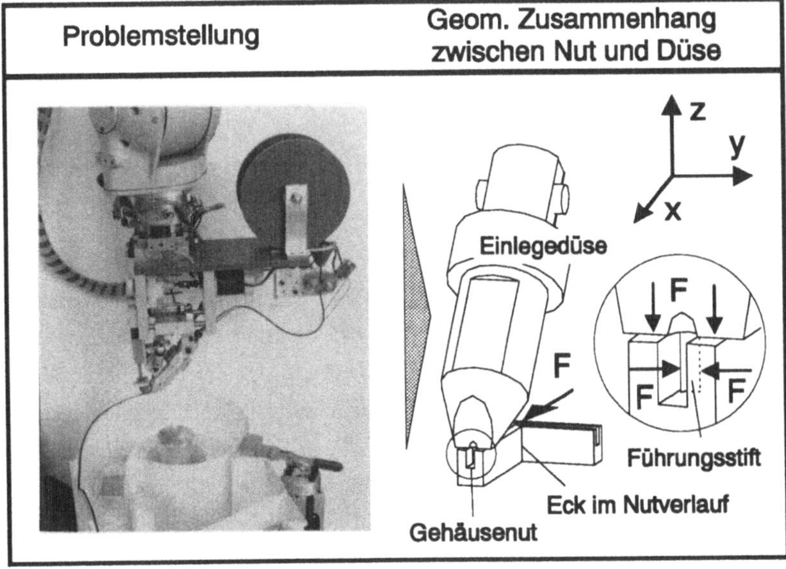

Abb. 5.2: Problemstellung und Analyse der geometrischen Zusammenhänge am Beispiel der Dichtschnurmontage

Für das kompliente System ist der Zusammenhang zwischen dem Nutverlauf des Heizungsgehäuses und der Einlegedüse des Fügewerkzeuges von Bedeutung. Die Einlegedüse ist mit einem Führungstift versehen, der die geometrische Zwangskopplung zwischen Bauteilnut und Einlegedüse herstellt.

5.3.2.2 Anforderungen an die kompliente Aufhängung der Einlegedüse

Die geometrischen Zusammenhänge zwischen Gehäusenut und Einlegedüse (Abb. 5.2) ergeben folgende Anforderungen an die kompliente Aufhängung der Einlegedüse.

Die Einlegedüse muß eine Nachgiebigkeit quer zur Verlegerichtung, d.h. in ± y-Richtung aufweisen. Die Einlegedüse sollte weiterhin mit möglichst konstanter Anpreßkraft auf die Gehäusenut drücken (z-Richtung). Desweiteren ist aufgrund der Ecken im Nutverlauf eine Nachgiebigkeit in Düsenrichtung, d.h. in x-Richtung vorzusehen. Auftretende Winkeltoleranzen werden durch die bauteilinterne Nachgiebigkeit der Dichtschnur kompensiert. Es ist entscheidend, daß sich die Öffnung der Einlegedüse direkt oberhalb der Nut befindet.

5.3.2.3 Konstruktion der kompliente Aufhängung der Einlegedüse

Die Konzeption der Nachgiebigkeit und die Konstuktion der komplienten Aufhängung der Einlegedüse erfolgt an Hand den in Kapitel 3 erarbeiteten Konstruktionskatalogen. Die ausgeführte Konstruktion ist in Abbildung 5.3 dargestellt. Aufgrund der Ecken im Nutverlauf teilt sich der Toleranzausgleich in eine Komplienz in Nutlängsrichtung und eine Komplienz in Nutquerrichtung auf. Die nötigen Reaktionskräfte für den passiven Toleranzausgleich erzeugt der Führungsstift, der an der Einlegedüse befestigt ist und in der Gehäusenut geführt wird. Verläuft die Roboterbahn versetzt neben der Gehäusenut, so tritt der Toleranzausgleich quer zur Nutlängsrichtung in Kraft. Würde an einer Ecke im Nutverlauf der Roboter das Werkzeug etwas zu weit bewegen, würde der Führungsstift an der Einlegedüse des Werkzeuges diese Ecke im Nutverlauf beschädigen. In diesem Fall tritt der Längstoleranzausgleich in Kraft, der das Fügewerkzeug - geführt durch den Führungsstift - in der Ecke verharren läßt, obwohl die Roboterbewegung über die Ecke hinausgeht. Die Einlegedüse ist kardanisch an einer Linearführung befestigt. Die kardanische Aufhängung übernimmt, in Form einer Düsenschwinge, den Ausgleich in Querrichtung. Eine Linearführung realisiert den Toleranzausgleich in Längsrichtung (Abb. 5.3).

Neben dieser beweglichen Aufhängung der Düse sind elastische Komponenten nötig, um eine Nachgiebigkeit zu realisieren. Zum Einsatz kommen Feder-Dämpfer-Elemente. Diese sind so angeordnet, daß deren Wirkungslinien durch den Aufstandspunkt des Führungsstiftes der Einlegedüse führen. Dadurch werden Reaktionskräfte direkt in die Federelemente geleitet.

Diese Konstruktion zeichnet sich durch ein gutes Ansprechverhalten, eine kompakte Bauweise und ein geringes Eigengewicht aus. Außerdem wird die

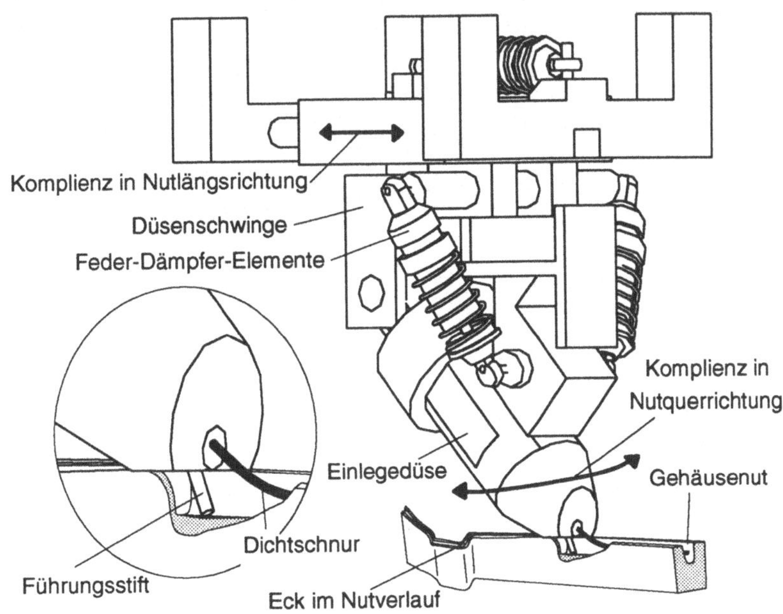

Abb. 5.3: Kompliente Aufhängung der Einlegedüse

Einlegedüse durch die vorgespannten Feder-Dämpfer-Elemente im unbelasteten Zustand zentriert, wodurch eine definierte Lage der Düse eingenommen wird.

Durch die günstige Anordung der Feder-Dämpfer-Elemente wird ein Toleranzausgleich von ± 18 mm erreicht. In diesem Bewegungsbereich bleibt die Anpreßkraft der Düse auf das Gehäuse nahezu konstant. Abbildung 5.4 zeigt das Ergebnis des Einsatzes von toleranzausgleichenden Mechanismen. Mit Hilfe der dargestellten Mehrfachbelichtung läßt sich die Beweglichkeit der Einlegedüse näher darstellen.

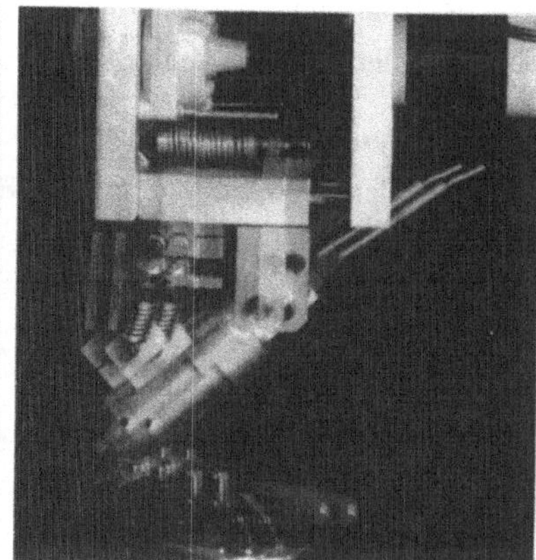

Abb. 5.4.1: Komplienz in Nutquerrichtung *Abb. 5.4.2: Komplienz in Nutlängsrichtung*

5.3.2.4 Zusammenfassung

Nach Abbildung 5.5 muß die Roboterbahn nicht mehr dem exakten Nutverlauf entsprechen, sondern es ergibt sich ein Toleranzbereich, in der die Roboterbahn liegen muß. Die Anzahl der programmierten Bahnpunkte der Roboterbewegung kann in diesem Fall um ca. 60 % reduziert werden. Durch den, wie in Versuchen gezeigt werden konnte, vergrößerten zulässigen Toleranzbereich des Roboters lassen sich die Anforderungen an die Programmierung, an die Robotergenauigkeit sowie an die Werkstückgenauigkeit reduzieren.

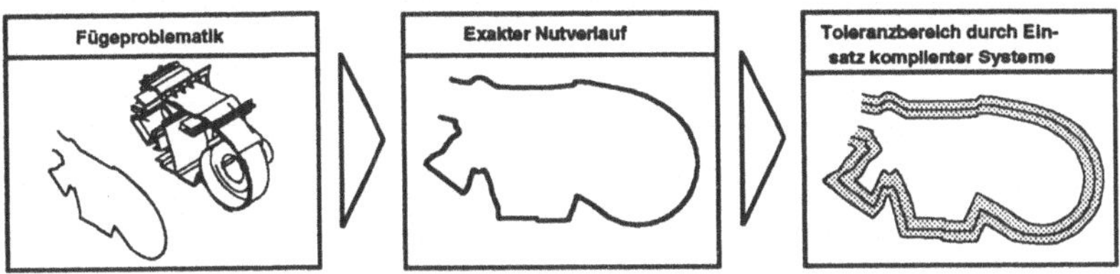

Abb. 5.5: Vergrößerung des Toleranzbereiches durch den Einsatz komplienter Systeme

5.4 Reduzierung von NC-Achsen

5.4.1 Einführung

Läßt sich eine größere Zwangskopplung zwischen den Wirkflächen eines Bauteils und dem Werkzeug erzielen und handelt es sich bei den Geometrieverläufen um keine eckigen, sondern um sanfte Übergänge, so lassen sich Bewegungsanteile passiv steuern. Das hat zur Folge, daß sich die Freiheitsgrade und damit der Aufwand der aktiv gesteuerten Bewegung reduzieren. Die nötige Bewegung teilt sich in eine passiv und eine aktiv gesteuerten Bewegungskomponente auf. Die Synchronisation beider Bewegungen erfolgt durch die geometrischen Wirkzusammenhänge zwischen Bauteil und Werkzeug.

5.4.2 Einsatzbeispiel: Entgraten von Zinn-Wismut-Kernen

5.4.2.1 Problemstellung und Analyse der geometrischen Randbedingungen

Die Fertigung von Motoransaugrohren aus Kunststoff erfolgt nahezu vollautomatisch und besteht aus drei Grundprozessen. In einem ersten Schritt wird aus einer Zinn-Wismut-Legierung mit einem Schmelzpunkt von 137°C ein Kern gegossen. Dieser Kern wird in einem zweiten Schritt mit Kunststoff umspritzt und anschließend induktiv herausgeschmolzen. Beim Gießprozeß des Kerns aus der Zinn-Wismut-Legierung entstehen an den Trennfugen der Gußform Grate sowie Angüsse, die bisher manuell beseitigt werden. Nicht entfernte Grate können zu Sollbruchstellen, Einschlüssen oder sogar zu Löchern im Kunststoffansaugkrümmer führen.

Die Geometrie des Kerns ist in Abbildung 5.6 dargestellt. Der Kern besteht aus einem Sammler und einer der Zylinderzahl eines Verbrennungsmotors entsprechenden Anzahl von Ansaugrohren. Bei den Graten handelt es sich um dreidimensionale Verläufe. Im Sammlerbereich liegen sehr gut zugängliche Gratverläufe vor. Dagegen herrschen speziell im Rohrbereich teilweise sehr beengte räumliche Verhältnisse. Im weiteren wird der Entgratprozeß für die Rohre näher betrachtet. Die Rohre des Kerns weisen entsprechend den bauteilspezifischen Einflußgrößen eine langgestreckte, gleichförmige, runde, unten offene Form mit einer Hauptrichtung auf. Der Einsatz eines komplienten Werkzeuges hängt entscheidend von der Wahl des Entgratprinzipes ab.

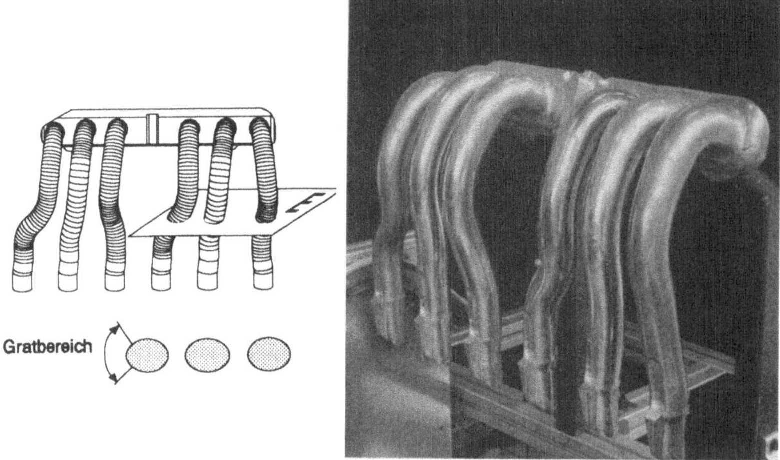

Abb. 5.6: Geometrie und Gratbereich des Zinn-Wismut-Kerns

5.4.2.2 Konzeption des komplienten Entgratwerkzeuges

Derzeit erfolgt der Entgratprozeß manuell mit Hilfe eines Dreikantschabers. Aufgrund der komplexen Gratverläufe müssen sechs Freiheitsgrade berücksichtigt werden.

Um für den Einsatz eines komplienten Entgratwerkzeuges eine möglichst große Zwangskopplung zwischen den zu entgratenden Rohren und dem Entgratwerkzeug zu erreichen, wird kein Dreikantschaber sondern ein Werkzeug nach dem Umschlingungsprinzp eingesetzt. Grundlagenversuche haben gezeigt, daß eine um das Ansaugrohr rotierende Zugfeder den Grat entfernen kann, ohne die Oberfläche des Kerns zu beschädigen. Durch dieses Umschlingungsprinzip entsprechend Abbildung 5.7 wird eine geometrische Zwangskopplung zwischen dem zu entgratenden Kern und dem Entgratwerkzeug erreicht. Dadurch reduziert sich die Anzahl der gesteuerten Bewegungsfreiheitsgrade auf zwei translatorische und eine rotatorische Bewegung. Die restlichen passiv gesteuerten Bewegungen erfolgen durch die Nachgiebigkeit der Feder und durch einen translatorischen Freiheitsgrad in Form einer Linearführung des Entgratwerkzeuges. Erst durch diese Maßnahme ist es möglich,

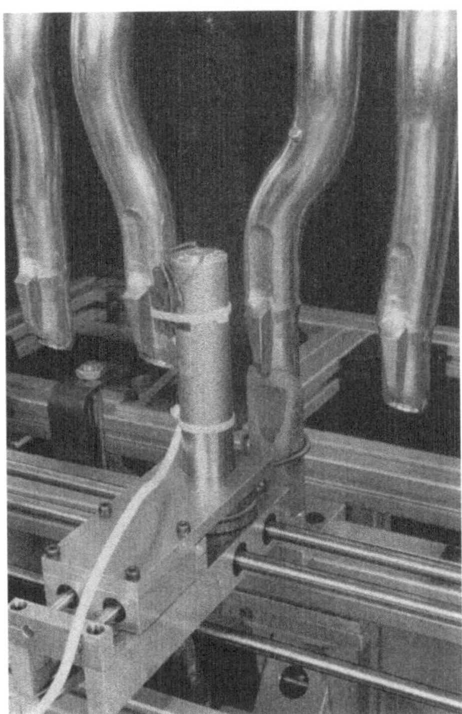

Abb. 5.7:

Komplient gelagertes Federentgratwerkzeug nach dem Umschlingungsprinzip

durch den Einsatz mehrerer Entgratwerkzeuge eine Parallelbearbeitung durchzuführen. So ist es möglich, eine Gesamtgratlänge von ca. 7 Metern in einer Taktzeit von 32 Sekunden zu bearbeiten.

5.4.3 Einsatzbeispiel: Abdornen von Formschläuchen I

5.4.3.1 Problemstellung und Analyse der geometrischen Randbedingungen

Formschläuche werden sehr häufig in Kraftfahrzeugen und Arbeitsmaschinen eingesetzt. Die Fertigung dieser Formschläuche erfolgt in drei Stufen. Im ersten Schritt werden vorvulkanisierte Schläuche auf die entsprechenden Formdorne geschoben (Aufdornen). Im zweiten Schritt erfolgt die Vulkanisation des Kautschuks. Die aufgedornten Schläuche werden zu diesem Zweck in einem Autoklaven einer entsprechenden Temperatur sowie Druck ausgesetzt. Nach diesem Vulkanisationsprozeß werden sie in einem dritten Schritt wieder abgedornt. Abbildung 5.8 verdeutlicht diesen Produktionsablauf. Gerade der Arbeitsplatz des Abdornens ist geprägt von sehr schwierigen Arbeitsbedingungen. Körperlich schwere Handarbeit, monotone Handgriffe und Be-

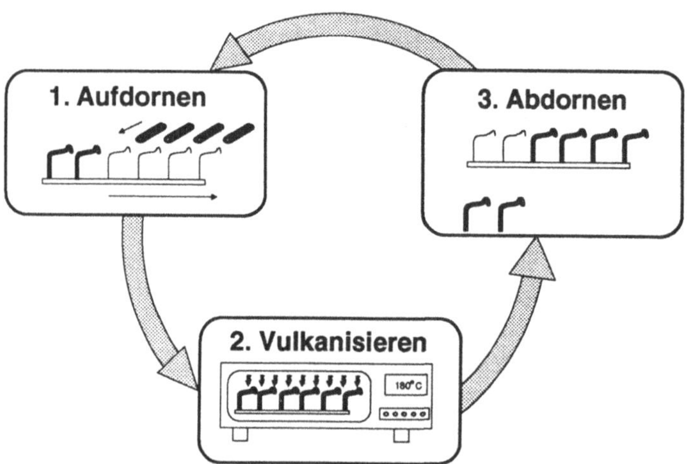

Abb. 5.8: Fertigungsablauf von Formschläuchen

lastungen infolge von Hitze, Verschmutzungen und Dämpfen kennzeichnen diesen Fertigungsschritt. Neben den Gesichtspunkten der Humanisierung des Arbeitsplatzes stellt eine Automatisierung aber auch ein großes Rationalisierungspotential dar.

Die Formdorne sind aus einem stählernen Rundmaterial mit einem konstanten Durchmesser gefertigt. Die Dorne können eine zweidimensionale oder eine dreidimensionale Krümmung aufweisen. Bei den Krümmumgen der Dorne handelt es sich in der Regel um keine eckigen, sondern um sanfte Übergänge.

5.4.3.2 Konzeption des komplienten Roboterabdornwerkzeuges

Die Automatisierung des Abdornprozesses kann im einfachsten Fall mit einer starren Abschiebegabel erfolgen, die ein Roboter entlang der Kontur des Formdornes bewegt und den vulkanisierten Schlauch abschiebt. Bei den im Beispiel dreidimensional gekrümmten Formdornen müssen bei der entsprechenden Roboterbewegung fünf Freiheitsgrade, davon drei translatorische und zwei rotatorische Freiheitsgrade, berücksichtigt werden (Abb. 5.9). Die Form des Dornes gestattet es, ein Werkzeug mit zwei komplienten Achsen einzusetzen und so die aktiv gesteuerte Bewegung mit fünf Freiheitsgraden zu vereinfachen. Das Abschiebewerkzeug enthält zwei rotatorische Achsen mit je einem geometrischen Abstand zwischen Bewegungsachse und Angriffspunkt beim Abdornen (Nachlauf) und ist daher selbststeuernd (Abb. 5.9). Da die rotatorischen Bewegungen die passiv gesteuerten Achsen im Werkzeug übernehmen, muß der Roboter nur noch drei translatorische Bewegungen ausführen. Den Vergleich des Bewegungsablaufes mit einem starren Werkzeug und einem komplienten Werkzeug ist in Abbildung 5.9 dargestellt. Die nötige Abdornbewegung des Roboters entspricht im Fall des Werkzeuges mit passiv gesteuerten Achsen nahezu der Dornform. Bei starren Werkzeugen sind viele Orientierungsänderungen des Roboters zu berücksichtigen, außerdem ist die Bewegungslänge beim Abdornen entsprechend länger.

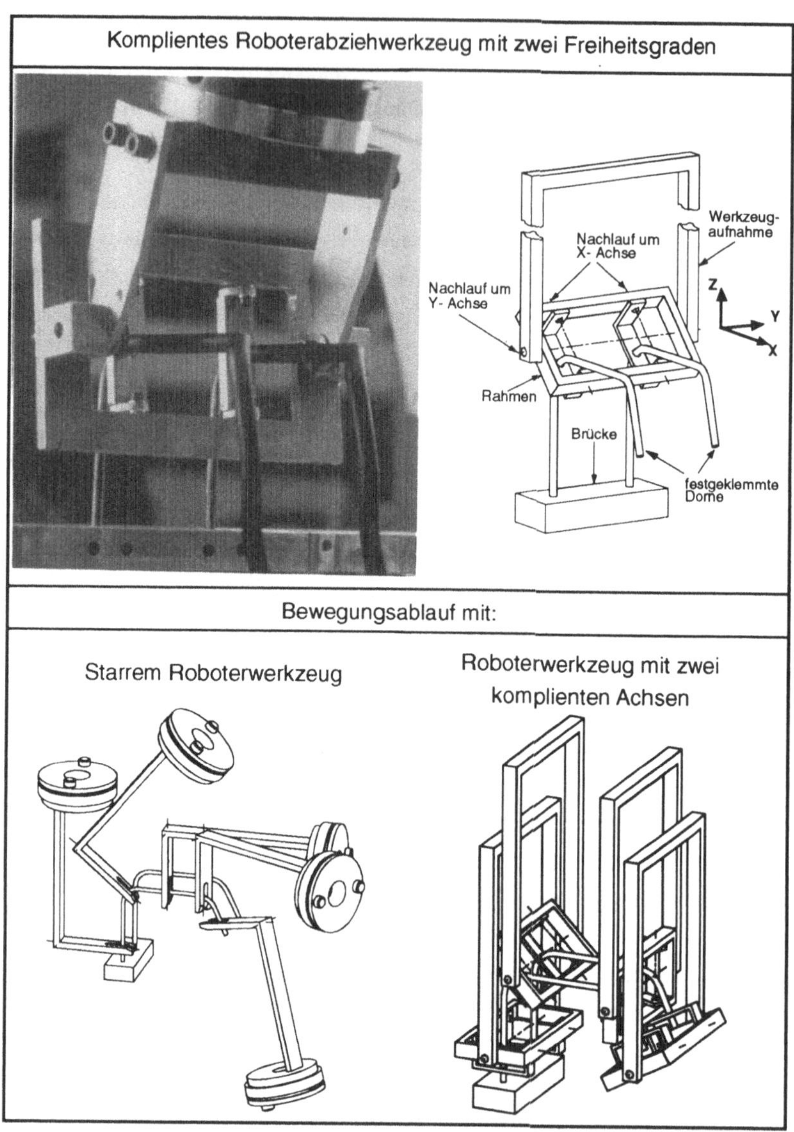

Abb. 5.9: Realisiertes Abziehwerkzeug mit zwei Freiheitsgraden und Vergleich der Roboterbewegung mit starrem und komplientem Werkzeug

5.5 Rückführung komplexer Bewegungen auf elementare Bewegungen

5.5.1 Einführung

Bei den aufgeführten Beispielen sind neben dem komplienten Werkzeug für einen Bewegungsablauf noch freiprogrammierbare Bewegungsmanipulatoren nötig. Bei entsprechender Zwangskopplung zwischen Bauteil und Werkzeug bzw. zwischen den zu fügenden Bauteilen lassen sich komplexe Bewegungen auf translatorische bzw. rotatorische Elementarbewegungen zurückführen. Der Vorteil besteht darin, daß diese Elementarbewegungen mit einfachen Bewegungselementen, beispielsweise Pneumatikzylinder oder Drehantriebe, realisiert werden können. Kostenintensive Industrieroboter können dadurch vermieden werden.

5.5.2 Einsatzbeispiel: Abdornen von Formschläuchen II

Die Problemstellung und die Analyse der geometrischen Randbedingungen für den Einsatz komplienter Systeme ist bereits in Kapitel 5.4.3.1 näher beschrieben. Das kompliente Roboterwerkzeug steuert die rotatorischen Bewegungen passiv. Die translatorischen Freiheitsgrade müssen weiterhin aktiv gesteuert werden. Da die Formdorne an einem Ende in der Dornleiste eingeschweißt sind, besteht die Gefahr, daß sich besonders lange, weit auskragende Dorne aufgrund der wirkenden Kräfte verbiegen.

Der Abdornprozeß wird sicherer, wenn neben den rotatorischen Bewegungen auch die translatorischen Bewegungen durch die Dornform passiv gesteuert werden. Hierzu ist es erforderlich, die Dornleiste zu modifizieren, um ein Werkzeug nach dem Umschlingungsprinzip einsetzen zu können, wodurch sich der Grad der Zwangskopplung zwischen Abschiebewerkzeug und Formdorn erhöht. Abbildung 5.10 zeigt den Vergleich zwischen der bisherigen und der modifizierten Dornleiste. Bei der modifizierten Dornleiste lassen sich die Dorne von der Leiste trennen. Sie sind nach unten verlängert, wodurch sich das Abschiebewerkzeug auffädeln läßt.

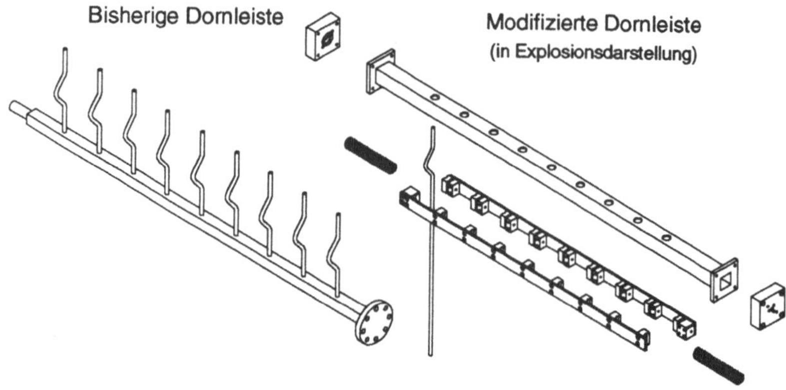

Abb. 5.10: Vergleich zwischen bisheriger und modifizierter Dornleiste

Das Abdornkonzept ist in Abbildung 5.11 dargestellt. Die Dornleiste wird in die Abdornvorrichtung gefügt und die verlängerten Dorne werden am unteren Ende mit Hilfe von Pneumatikzylindern geklemmt. Anschließend erfolgt die Entriegelung der Dorne von der Dornleiste. Als Abdornwerkzeug dienen kunststoffbeschichtete Druckfedern, die Pneumatikzylinder nach oben bewegen. Der Dorn führt die Druckfedern entlang der Dornkontur. Die vulkanisierten Schläuche werden so abgeschoben. Die komplexe Bewegung wird auf diese Weise auf eine einfache translatorische Elementarbewegung zurückgeführt. Die Transformation der translatorischen Elementarbewegung in die benötigte komplexe Bewegung erfolgt durch die Geometrie des Dorns.

Ein weiterer Vorteil dieses Konzeptes besteht darin, daß die Umlenkkräfte des Dorns auf die Feder nur auf den Bereich der Dornkrümmung wirken. Dadurch lassen sich sogar sehr lange sowie eng gekrümmte Dorne abdornen. Weiterhin erreicht man eine hohe Prozeßsicherheit, da beispielsweise der Einfluß verbogener Dorne kompensiert wird. Die Parallelschaltung des Abdornprozesses läßt sich problemlos realisieren. Außerdem ist die Fertigung von Varianten mit anderen Dornformen ohne Steuerungsaufwand gegeben, da sich das Abdornwerkzeug jeweils der entprechenden Kontur selbst anpaßt.

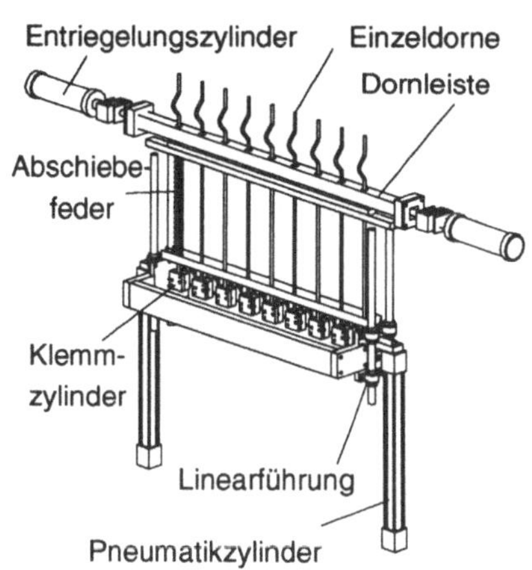

Abb. 5.11: Realisierte Abdornanlage

5.5.3 Einsatzbeispiel: Automatische Montage von Schnellbefestigungselementen mit komplexer Fügebewegung

5.5.3.1 Problemstellung und Analyse der Bauteilgeometrie sowie der Fügebewegung

Bei der in Abbildung 5.12 dargestellten Fügeproblematik handelt es sich um das Fügen eines Schnellbefestigungselements (Klip) in eine Aufnahme an der Türverkleidung eines Pkw. Der Klip ist aus einem Kunststoff (POM) gefertigt und verformt sich beim Fügen in die Aufnahme. Es besteht ein definierter Zusammenhang zwischen dem Eindrehwinkel des Klip und den Kippwinkeln der Drehachse. Es handelt sich um eine komplexe, räumliche Fügebewegung [WISB 90].

Die Analyse der Fügebewegung sowie der Wirkflächen und die geometrische Zwangskopplung der Fügepartner erfolgt mit der in Abbildung 5.12 dargestellten Meßvorrichtung. Diese ist so aufgebaut, daß der Fügeablauf manuell durchgeführt werden kann. Während der Eindrehbewegung des Klip werden die Kippwinkel der Klipachse in Abhängigkeit des Eindrehwinkels ermittelt.

Es werden die Randdaten der Eindrehbewegung des Klip erfaßt, die für die Konstruktion des komplienten Fügewerkzeuges von Bedeutung sind.

Die Klipachse entspricht der Drehachse, mit der der Klip in die Aufnahme eingedreht wird. Während der Eindrehbewegung bewegt sich diese Drehachse entsprechend den Wechselbeziehungen zwischen Klip und Klipaufnahme im Raum. Der Klip muß zum Einfädeln der Nase in der einen Ebene (x-z-Ebene) entsprechend der Klipaufnahme um ca. 22° gegen die Vertikale geneigt sein. Im montierten Zustand steht die Klipachse senkrecht. In der dazu senkrechten zweiten Ebene (y-z-Ebene) durchläuft die Klipachse einen Winkelausschlag von max. 3°. Der Eindrehwinkel liegt bei ca. 90°. Die translatorischen Bewegungsanteile beim Fügen liegen im Bereich von 3 mm bezogen auf den Klipmittelpunkt.

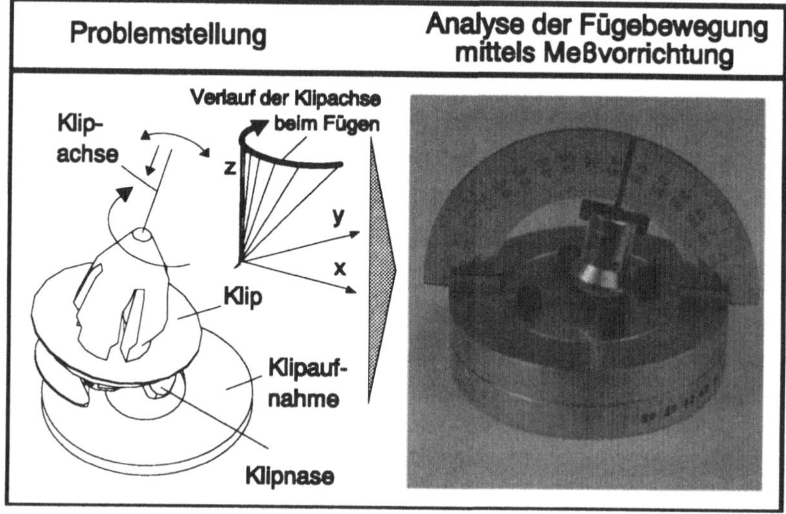

Abb. 5.12: Problemstellung und Analyse der Fügebewegung und geometrischen Zusammenhänge der Fügepartner mittels Meßvorrichtung

Nach dieser Geometrie- sowie Fügebewegungsanalyse lassen sich die Vorgaben für die Konstruktion des komplienten Fügewerkzeuges festlegen und dasompliente Fügewerkzeug konzipieren.

5.5.3.2 Konzeption eines komplienten Fügewerkzeuges

Aufgrund der Größenordnungen der verschiedenen Bewegungsanteile muß die Eindrehbewegung sowie die Kippbewegung, die nötig ist, um die Klipnase in die Klipaufnahme vor dem eigentlichen Fügeprozeß zu positionieren, aktiv gesteuert werden. Die Realisierung der restlichen Bewegungsanteile kann passiv erfolgen. Damit besteht die vorgegebene Grobbewegung aus zwei rotatorischen Elementarbewegungen. Die Synchronisation der zwei rotatorischen Elementarbewegungen übernehmen die Reaktionskräfte bzw. -momente, die während des Fügeprozesses wirken.

Abbildung 5.13 zeigt einen Entwurf des konzipierten Fügewerkzeuges. Den Antrieb, der die Eindrehbewegung durchführt, übernimmt ein Pneumatikmotor, der den Klip mit einer speziellen Aufnahme fixiert und diesen entprechend der Klipachse drehen kann. Die erforderlichen Kippwinkel der Drehachse während der Eindrehbewegung werden auf unterschiedliche Weise realisiert.

Die Antriebseinheit ist komplient mit Federelementen an einer Kulisse befestigt, so daß beim Einwirken von Reaktionskräften bzw. -momenten diese Antriebseinheit und damit auch die Drehachse des Klip sich der optimalen Fügebewegung anpaßt. Als Federelemente kommen elastische Zugfedern zum Einsatz, deren Wirkungslinien durch den Klipmittelpunkt führen. Dadurch ergibt sich hier ein Momentanpol. Diese Federelemente können bei Druckbelastung große Kräfte aufnehmen, was beim Bestücken des Werkzeuges mit Klipsen zum Tragen kommt. Die innere Dämpfung infolge Reibung zwischen den anliegenden Federwindungen wirkt sich positiv auf das dynamische Verhalten bei schnellen Positionierbewegungen aus. Trotz großem Dämpfungsgrad verhalten sich Zugfedern sehr weich gegenüber Schubbeanspruchung. Sowohl Winkeltoleranzen als auch translatorische Versätze werden problemlos ausgeglichen. Zugfedern besitzen weiterhin eine Vorspannung. Nach einer Auslenkung wird eine definierte Ausgangslage eingenommen und das Werkzeug zentriert sich selbst.

Der Kippwinkel der Klipachse von ca. 22°, der zum Einfädeln des Klip in die Klipaufnahme nötig ist, wird durch eine Rollenführung realisiert. Die Rollenführung ist derart gestaltet, daß die an der Kulisse befestigte Antriebseinheit in der einen Endposition vertikal steht und an der anderen Endposition einen Winkel von 22° zur Vertikalen einnimmt. Eine weitere pneumatische Dreheinheit unterstützt die Bewegung der rollengeführten Kulisse. Die bewegten Massen werden während des Fügevorganges kompensiert und definierte Endpositionen zum Bestücken und zum Ansetzen des Klip an der Aufnahme der Türverkleidung gewährleistet.

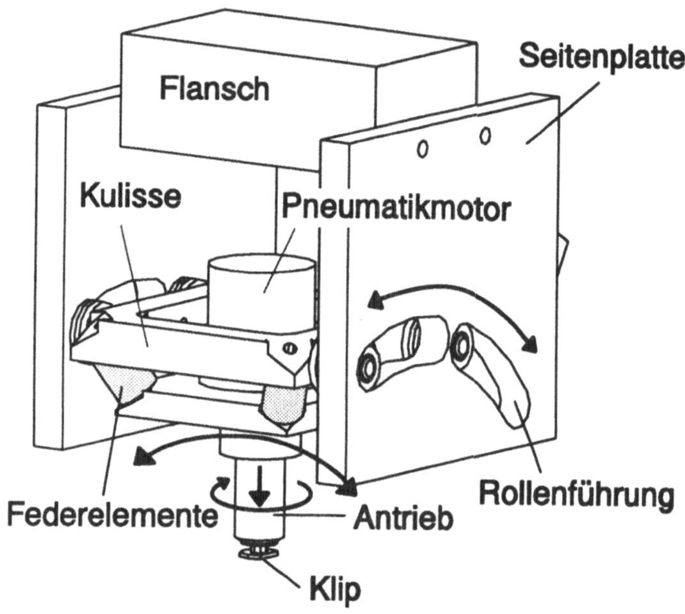

Abb. 5.13: Komplientes Fügewerkzeug für Schnellbefestigungselemente mit komplexer Fügebewegung

5.5.3.3 Ergebnis des komplienten Fügewerkzeuges

Durch die Verlegung der Fügebewegung in das Montagewerkzeug gestaltet sich der Prozeß einfacher und schneller. Es kann auf eine aufwendige Steuerung bzw. Regelung der komplexen Bewegungsbahn durch die Nutzung der Reaktionskräfte aus dem Fügeprozeß verzichtet werden. Durch den gezielten Einsatz von Elastizitäten werden die Bauteile minimal belastet, da sich die optimale Fügebewegung selbst einstellt.

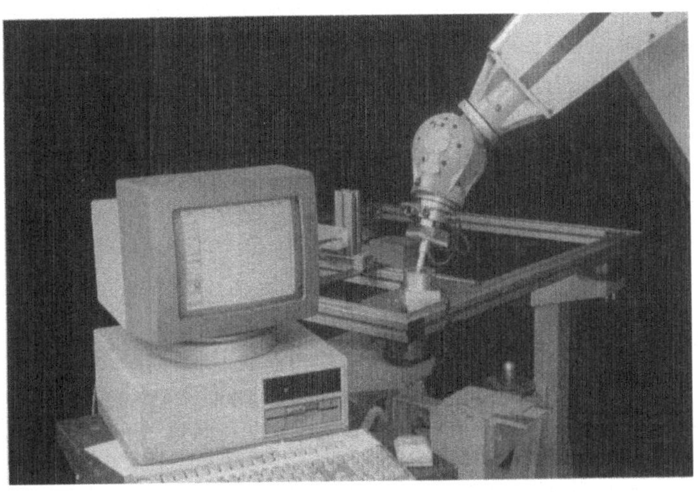

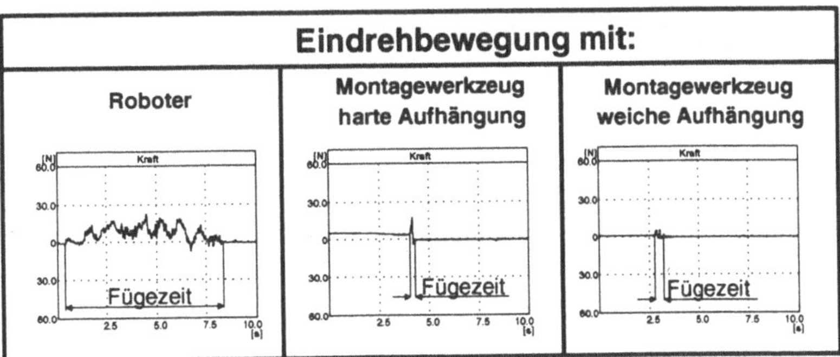

Abb. 5.14: Versuchsdurchführung und Ergebnis der Fügekräfte und Fügezeiten beim Fügen eines Schnellbefestigungselementes

Den Vorteil des komplienten Montagewerkzeuges gegenüber der robotergeführten Fügebewegung zeigt der folgende Vergleich der Fügekräfte sowie der realen Fügezeiten (Abb. 5.14). Verglichen wird der Kraftverlauf bei Montage mit dem Roboter gegenüber dem Montagewerkzeug mit harter bzw. weicher Federaufhängung. Durch den Einsatz eines komplienten Fügewerkzeuges reduziert sich die Fügezeit um den Faktor 27 von 8,4 Sekunden mit der Roboterbewegung auf 0,31 Sekunden mit dem Montagewerkzeug. Weiterhin lassen sich die Fügekräfte, die sich als Reaktionskräfte an der Klipaufnahme widerspiegeln, erheblich reduzieren. Durch den Einsatz weicher anstatt harter Federn im Fügewerkzeug können die Fügekräfte weiter reduziert werden. Um einen Klip zu fügen, muß das Werkzeug lediglich entsprechend positioniert werden. Dazu genügt ein einfaches Handhabungsgerät mit einer "Pick and Place"-Funktion. Außerdem lassen sich die Fügeprozesse durch den Einsatz mehrerer Fügewerkzeuge parallelschalten.

5.6 Zusammenfassung

Komplexe Bewegungen sind häufig ein Hemmnis bei der Automatisierung. Bei Füge- bzw. Fertigungsprozessen entstehen Zwangskopplungen zwischen den zwei zu fügenden Bauteilen bzw. zwischen einem Bauteil und dem entsprechenden Werkzeug. Mit Hilfe dieser Zwangskopplung läßt sich eine komplexe Bewegung in eine aktiv gesteuerte und eine passiv gesteuerte Bewegungskomponente aufteilen. Je größer der Grad der Zwangskopplung und die durch die Geometrie der Wirkflächen übertragbaren Kräfte und Momente ist, desto mehr Bewegungsanteile können mit Hilfe komplienter Systeme realisiert werden. Dabei ist die Wahl der Prozeßlösung und das damit verbundene Werkzeug entscheidend. Von Vorteil sind Werkzeugprinzipien, mit denen sich ein hoher Grad der Zwangskopplung zwischen Werkzeug- und Bauteilgeometrie erzielen lassen. Diese Vorgehensweise führt zu einer Bewegungsvereinfachung und so zu einer Effizienzsteigerung der Automatisierungslösung. Anhand ausgewählter Beispiele wurden die unterschiedlichen Effekte und die Möglichkeiten, die sich durch den Einsatz komplienter Systeme beim Automatisieren ergeben, aufgezeigt.

6 Wirtschaftlichkeitsanalyse komplienter Systeme

6.1 Einleitung

In den letzten Jahren ist allgemein der Trend zur Verkürzung der Produktinovationszyklen und zur Erhöhung der Variantenviefalt festzustellen. Die Folge ist die Forderung nach flexiblen Produktionseinrichtungen, die sich an unterschiedliche Aufgaben anpassen lassen [MILB 89]. Im Bereich der flexiblen Montageautomatisierung kann der Industrieroboter als zentrale, flexible Komponente angesehen werden [RIES 88, MAIE 86, FISC 88]. Um die Wirtschaftlichkeit eines Robotereinsatzes beurteilen zu können, wird dieser mit alternativen Fertigungsmethoden verglichen [HART 84]. Dem Planer einer Automatisierungsaufgabe stehen allerdings kaum Hilfsmittel zur Verfügung, um unterschiedliche Automatisierungslösungen zu erzeugen und sie wirtschaftlich zu vergleichen [GUER 92]. In der Planungsphase treten außerdem viele Unsicherheitsfaktoren hinsichtlich erreichbarer Taktzeit, Robotergenauigkeiten, mögliche Prozeßgeschwindigkeiten, etc. auf, so daß sich hohe Investitionsrisiken ergeben können. Durch den Einsatz komplienter Systeme beim Automatisieren können unterschiedliche Effekte erzielt werden. Neben dem passiven Toleranzausgleich lassen sich gerade komplexe Bewegungen entscheidend vereinfachen und so Taktzeiten reduzieren und die Verfügbarkeit steigern. Aus diesem Grund ist es erforderlich, diese Effekte in einer Kostenvergleichsrechnung zu berücksichtigen und die unterschiedlichen Automatisierungsalternativen sowohl qualitativ als auch quantitativ zu vergleichen.

6.2 Analyse des Roboterverhaltens

Die Beurteilung der Einflußgrößen wie erzielbare Taktzeit, erreichbare Bahngenauigkeit, etc. für einen Robotereinsatz in der Wirtschaftlichkeitsbetrachtung setzt die Analyse des Roboterverhaltens voraus. Die VDI-Richtlinie 2861 [VDI 2861] beschreibt Kenngrößen sowie Prüfverfahren für Industrieroboter.

Wichtige Kenngrößen sind hier die Positioniergenauigkeit sowie die Wiederholgenauigkeit beim Verfahren einer linearen Bewegung. Weitere Roboterprüfverfahren werden von [RADE 92] vorgeschlagen. Um die für die Wirtschaftlichkeitsrechnung nötigen Einflußgrößen zu erhalten, sind die Zusammenhänge des Programmieraufwandes, der Bahngeschwindigkeit und der Bahngenauigkeit mit den verschiedenen Freiheitsgraden einer Bewegung zu ermitteln. Dazu wird folgende Versuchsreihe vorgestellt.

6.2.1 Versuchsreihe

Beim Einsatz von Industrierobotern ist der Komplexitätsgrad einer Bewegung von entscheidender Bedeutung. Bewegungsbahnen werden in der Regel durch eine endliche Anzahl von Linearbewegungen approximiert. Grundsätzlich setzt sich ein Bewegungsablauf aus rotatorischen und translatorischen Bewegungen zusammen. Je größer die Anzahl der Freiheitsgrade einer Bewegung, desto aufwendiger wird die entsprechende Roboterbewegung. Entscheidend für die Wirtschaftlichkeit ist vor allem der Einfluß einer nötigen Roboterbewegung auf die Programmierzeit und auf den Zusammenhang zwischen Bahngenauigkeit und Bahngeschwindigkeit. Diese werden in einer Versuchsreihe ermittelt, bei der der Freiheitsgrad der Roboterbewegung, beginnend bei einem translatorischen Freiheitsgrad bis hin zu sechs Freiheitsgraden erhöht wird. Um den Einfluß der Bewegungsfreiheitsgrade direkt miteinander vergleichen zu können, wird der Versuchsreihe eine normierte Bahnlänge von 500 mm zu Grunde gelegt. Die einfachste Bewegung stellt eine reine translatorische Bewegung (Abb. 6.1/1.) dar. Demgegenüber kann eine elliptische Bewegung mit einer überlagerten rotatorischen Bewegung um 360° als komplexeste Bewegung mit sechs Freiheitsgraden (Abb. 6.1/9.) betrachtet werden. Die Versuchsreihen wurden mit einem Knickarmroboter durchgeführt und die folgenden Ergebnisse, beispielsweise die Zeit für die Erstellung der Roboterprogramme, ermittelt. Diese Ergebnisse sind sehr von den Erfahrungen und der Routine des Programmierers abhängig, so daß die Werte in ersten Linie qualitative Aussagen zulassen.

Bewegungsfreiheitsgrade

Bewegungsart	Bezeichnung	graphische Darstellung	rot./lin.	Bewegungsfreiheitsgrad
1.	ebene Linie	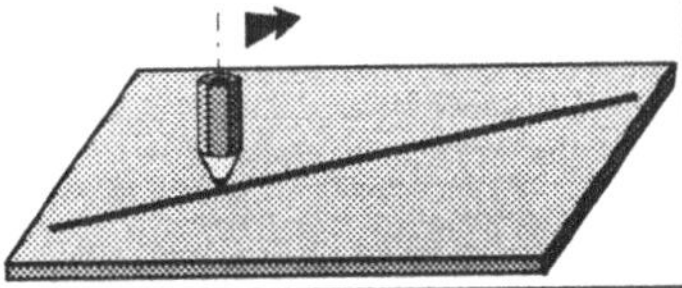	lin 1	1
2.	ebene Linie Rotation 360°	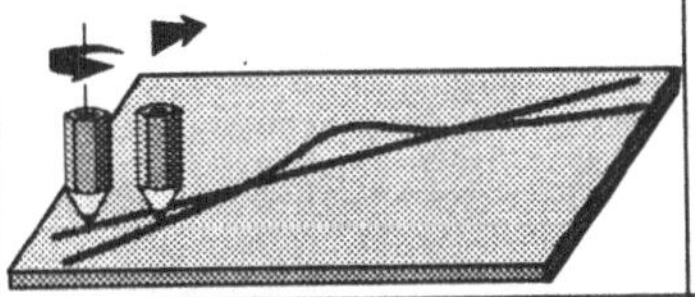	lin 1 rot 1	2
3.	ebener Kreis	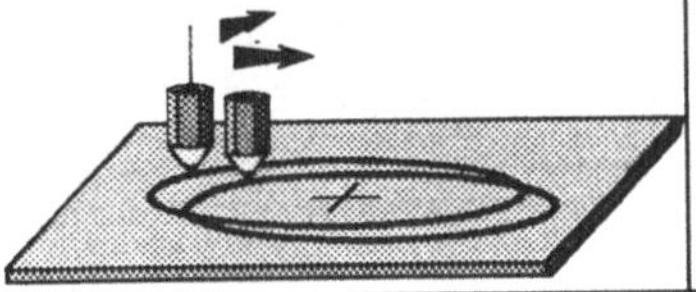	lin 2	2
4.	ebener Kreis Rotation 360°	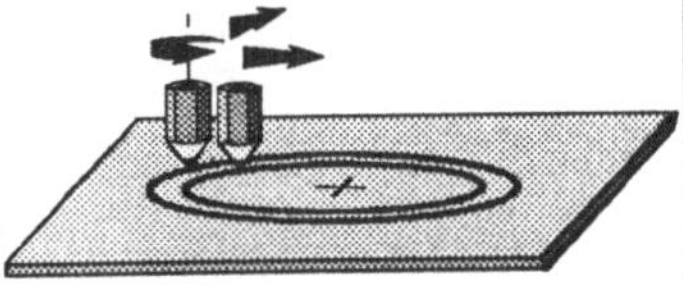	lin 2 rot 1	3
5.	Kreis auf einem Zylinder	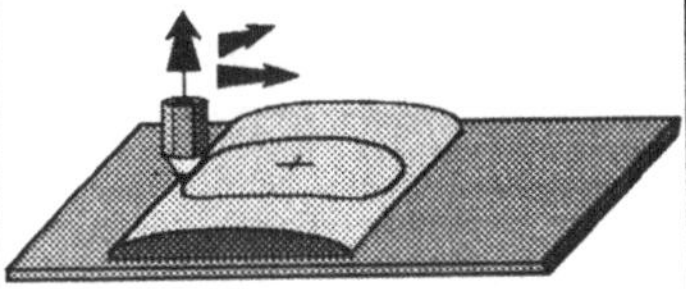	lin 3	3
6.	Kreis normal auf einem Zylinder	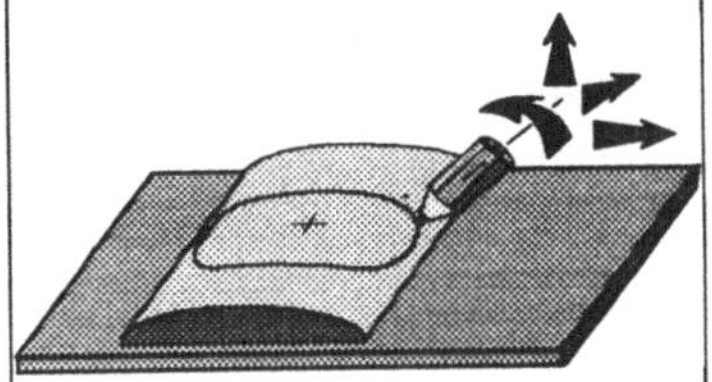	lin 3 rot 1	4

Abb. 6.1.1: Ermittlung des Roboterverhaltens in Abhängigkeit der Bewegungsfreiheitsgrade Teil 1

Bewegungsfreiheitsgrade

Bewegungsart	Bezeichnung	graphische Darstellung	rot./lin.	Bewegungsfreiheitsgrad
7.	Kreis normal auf einem Zylinder Rotation 360°		lin 3 lin 2	5
8.	Ellipse normal auf einer Kugel		lin 3 rot 2	5
9.	Ellipse normal auf einer Kugel Rotation 360°	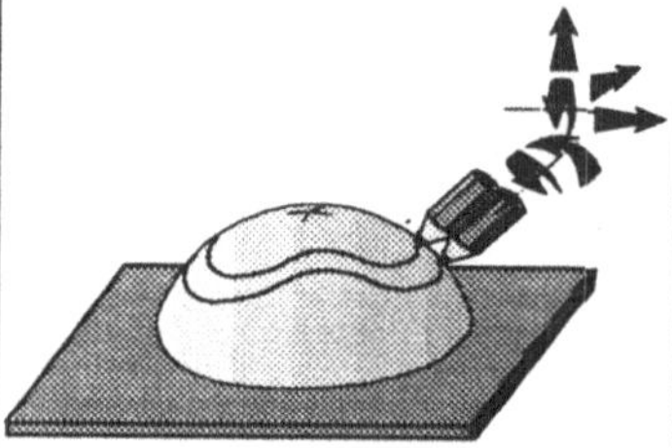	lin 3 rot 3	6

Abb. 6.1.2: Ermittlung des Roboterverhaltens in Abhängigkeit der Bewegungsfreiheitsgrade Teil 2

6.2.2 Programmieraufwand

Eine wichtige Größe für die Kosten der Programmierung, der Inbetriebnahme und Instandhaltung, beispielsweise dem zyklischem "Nachteachen" einer Roboteranlage stellt die Programmierzeit dar. Die durchgeführte Untersuchung des Einflusses der Bewegungsart auf die Programmierzeit zeigt Abbildung 6.2. Lineare Bewegungen - Fall 1, 3 und 5 in Abbildung 6.2 - erfordern geringe Programmierzeiten. Zusätzliche rotatorische Bewegungsfreiheitsgrade in einem Bewegungsablauf bewirken erhöhte Programmierzeiten. Während der Programmierer sich translatorische Bewegungsabläufe gut vorstellen kann, erreicht er bei überlagerten rotatorischen Bewegungen sehr schnell die Grenzen des Vorstellungsvermögens. Weiterhin bedarf es sehr viel Erfahrung, um bei komplexen Bewegungsabläufen den Industrieroboter bzgl. eines Bauteils so zu positionieren, daß sich die Roboterbahn innerhalb des Bewegungsraumes befindet. Insbesondere gerät man mit Vertikalknickarmrobotern bei komplexen Bewegungsabläufen sehr schnell an die Grenzen des Arbeitsraumes.

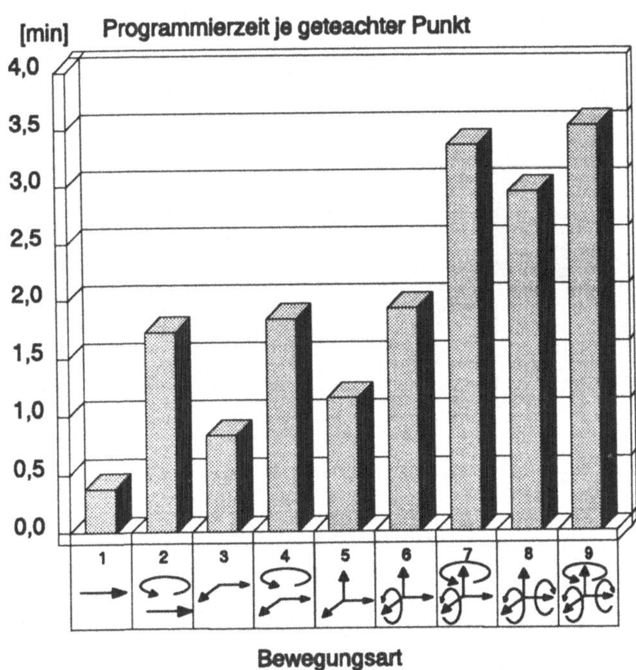

Abb. 6.2: Einfluß des Programmieraufwandes in Abhängigkeit der Bewegungsart

6.2.3 Bahngeschwindigkeit

Ein wichtige Kenngröße bei der Wirtschaftlichkeitsrechnung ist die Taktzeit. Diese wird direkt durch die Bahngeschwindigkeit des Industrieroboters beeinflußt. Nach Abbildung 6.3 lassen sich bei linearen Bewegungen die größten Bahngeschwindigkeiten erreichen. Rotatorische Bewegungen bewirken Orientierungsänderungen der Roboterhand, so daß sich die Bahngeschwindigkeit am Werkzeugbezugspunkt - Tool-Center-Point - sehr reduziert. Erhöhte Taktzeiten sind die Folge. Mit Hilfe der Überschleiffunktion der Robotersteuerung lassen sich die Bahngeschwindigkeiten zwar erhöhen, die Grundtendenz bleibt allerdings bestehen.

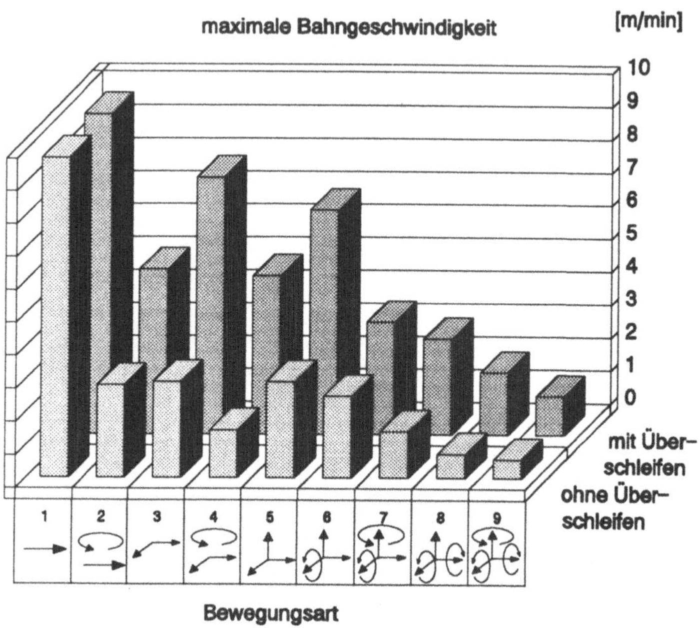

Abb. 6.3: Einfluß der Bewegungsart auf die Bahngeschwindigkeit

6.2.4 Bahngenauigkeit

Der Zusammenhang zwischen einer Ist-Bewegung und einer Soll-Bewegung kann durch die Bahngenauigkeit eines Industrieroboters ausgedrückt werden. Eine komplexe Roboterbahn wird meist erzeugt, indem eine endliche Anzahl von Stützpunkten auf der Sollbahn geteacht werden. Beim Abfahren des Roboterprogrammes ergeben sich Abweichungen aufgrund der Roboterdynamik und der Wiederholgenauigkeit. Bei Bewegungen mit großen Orientierungsänderungen sind diese besonders groß. Dieser Fehler kann zwar durch iteratives Nachteachen und Feintuning hinsichtlich optimaler Geschwindigkeit und Beschleunigung reduziert werden, ist allerdings sehr zeitintensiv und ist hier nicht berücksichtigt. Die Differenz zwischen beiden Bewegungen ergibt den Bahnfehler. Bei der Automatisierung komplexer Bewegungen ist der Zusammenhang zwischen der Bahngeschwindigkeit und dem Bahnfehler von entscheidender Bedeutung. Abbildung 6.4 gibt die Einflußgrößen der Bewegungsart und der Geschwindigkeit auf den horizontalen Bahnfehler wieder. Die Grafik zeigt deutlich, daß lineare Bewegungen - Fall 1, 2 und 5 in Abbildung 6.4 - und Bewegung mit einer überlagerten Drehbewegung um die z-Achse - Fall 3 und 4 - geringe Bahnfehler aufweisen. Sind bei einem Bewegungsablauf Umorientierungsbewegungen entsprechend dem Fall 6 bis 9 zu realisieren, treten mit steigender Bahngeschwindigkeit sehr große Bahnfehler auf.

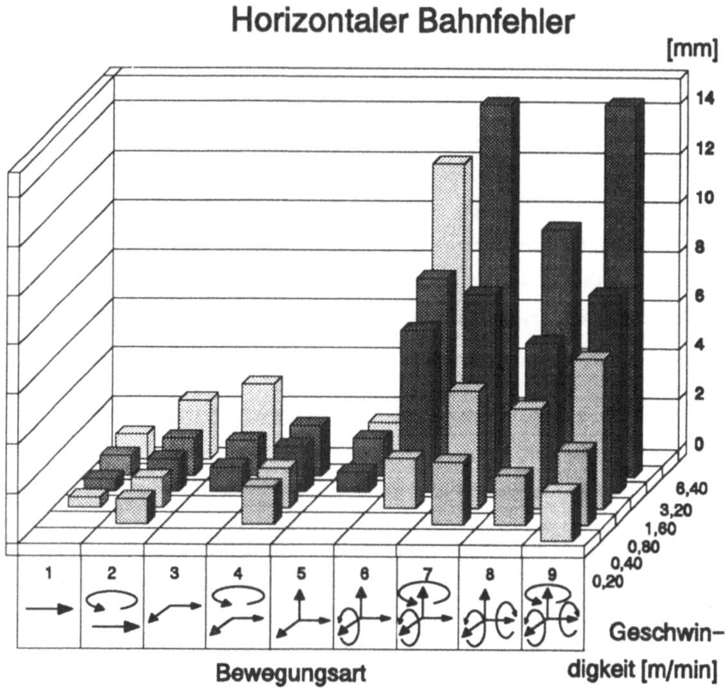

Abb. 6.4: Zusammenhang zwischen Bahngeschwindigkeit, Bahnfehler und Bewegungsart

6.2.5 Resümee

Die Analyse der Einflußgröße der Bewegungsart auf das Roboterverhalten zeigt, daß sich einfache, translatorische Bewegungen mit Industrierobotern sehr genau und mit hoher Bahngeschwindigkeit automatisieren lassen. Die Programmierung sowie die Beherrschung solcher Prozesse erfordern einen vertretbaren Aufwand.

Bei komplexen Bewegungsabläufen mit großen rotatorischen Bewegungen, die Orientierungsänderungen des Werkzeuges bewirken, stehen die erreichbare Bahngeschwindigkeit und die Bahngenauigkeit eines Industrieroboters oftmals in einem Zielkonflikt. Eine hohe Bahngeschwindigkeit ist meist nötig, um kurze Prozeßzeiten zu erhalten, eine hohe Bahngenauigkeit erfordert häufig die Prozeßsicherheit. Eine hohe Bahngeschwindigkeit läßt sich allerdings in der Regel nur mit einer geringen Bahngenauigkeit erreichen und umgekehrt. Beide Faktoren - hohe Bahngeschwindigkeit und hohe Bahngenauigkeit - sind jedoch für einen wirtschaftlichen Einsatz eines Industrieroboters erforderlich. Der Einsatz komplienter Systeme läßt geringere Bahngenauigkeiten zu und reduziert in vielen Fällen die Freiheitsgrade einer komplexen Bewegung auf einfache, translatorische Bewegungen. Aufgrund der damit verbundenen Erhöhung der Bahngeschwindigkeit führt die Reduzierung der Prozeßzeit zu einer Wirtschaftlichkeitssteigerung.

6.3 Ermittlung der Kostensenkungspotentiale

6.3.1 Reduzierung des Programmieraufwandes

Die geringeren Anforderungen an die Bahngenauigkeit beim Einsatz komplienter Systeme und die Reduzierung der aktiv gesteuerten Bewegungsfreiheitsgrade bewirken, daß bei der Programmerstellung einer Roboterbewegung weniger Positionen nötig sind und die Positionen ungenauer geteacht werden können. Die Programmierzeiten und die damit verbunden Stillstandszeiten einer Anlage während der Programmerstellung, die Wartung und Instandhaltungskosten lassen sich so erheblich reduzieren.

6.3.2 Reduzierung der Investitionskosten von Handhabungskomponenten

Die zentrale Investition bei der flexiblen Automatisierung eines Fügeprozesses stellt der Industrieroboter bzw. das Handhabungsgerät als Bewegungsmanipulator dar. Man unterscheidet zwischen gesteuerten Systemen und Bewegungseinheiten, die mit Endanschlägen positioniert werden. Je nach Anzahl der nötigen Freiheitsgrade zum Automatisieren einer Bewegung ergeben sich unterschiedliche Investitionskosten. Der Zusammenhang ist in Abbildung 6.5 dargestellt. Dabei kann ein Industrieroboter mit sechs programmierbaren Freiheitsgraden als Handhabungsgerät mit größter Bewegungsflexibilität angesehen werden. Dementsprechend sind die Investitionskosten für ein sechsachsigen Industrieroboter als Maximalkosten zu 100 % gesetzt. Die Absolutkosten hängen entscheidend von der Tragfähigkeit und der Ausführung des jeweiligen Roboters ab, so daß hier nur ein relativer Vergleich erfolgt. Die Investitionskosten für ein Handhabungsgerät mit einer geringeren Anzahl programmierbarer Achsen sind entsprechend geringer. Die Reduzierung der nötigen Frei-

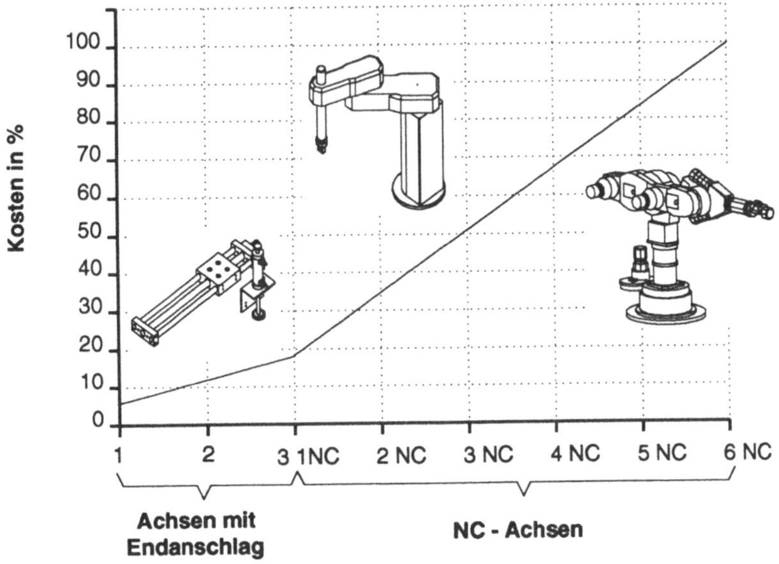

Abb. 6.5: Investitionskosten unterschiedlicher Handhabungsgeräte

heitsgrade mit Hilfe komplienter Systeme kann die Investitionskosten für das Handlingsgerät verringern, ohne die Kosten für die Konstruktion und Fertigung des entsprechenden komplienten Systems entscheidend zu erhöhen. Die allgemein geforderte Flexibilität [MONT 92] wird dadurch zwar reduziert, da es sich beim komplienten Fügewerkzeug in der Regel um speziell an den jeweiligen Einsatzfall angepaßte Lösungen handelt, jedoch werden bei Automatisierungsaufgaben nur selten Roboter mit sechs freiprogrammierbaren Achsen benötigt. Eine Marktanalyse zeigt, daß 69 % der eingesetzten Roboter als Einzweckautomaten eingesetzt werden. Bei nur 31 % wird auf die Flexibilität der Roboter Wert gelegt [MARK 92]. Der derzeitige Trend ist die Zunahme des Angebotes von einfachen Automatisierungskomponenten, wie numerisch gesteuerten Linearachsen, die häufig als Low-cost-Systeme eingesetzt werden und auf den jeweiligen Anwendungsfall zugeschnitten sind [MARK 92, BRAC 91].

6.3.3 Reduzierung der Taktzeit

Die Bewegungsgeschwindigkeit eines Handhabungsgerätes, beispielsweise beim Fügen eines Bauteils, verhält sich in der Regel direkt proportional zur Taktzeit. Die Prozeßgeschwindigkeit kann beim Einsatz komplienter Systeme aufgrund der geringeren Anforderungen an die Bahngenauigkeit erhöht werden. Desweiteren besteht je nach Anwendungsfall die Möglichkeit, bei komplexen Bewegungsabläufen in einigen Fällen eine Parallelbearbeitung durchzuführen. Dadurch verringert sich zusätzlich die Taktzeit von Fügeprozessen entsprechend der Anzahl der Parallelbearbeitungen. Die Reduzierung der Taktzeit bewirkt eine Verschiebung der Kapazitätsgrenze einer Anlage. Die Beschaffung weiterer Anlagen sind erst bei größeren Stückzahlen erforderlich. Dementsprechend fallen geringere Investitionskosten an.

6.4 Erweiterte Kostenvergleichsrechnung

6.4.1 Übersicht über Investitionsrechnungsverfahren

Die Investitionsenscheidung für eine Automatisierungsalternative erfolgt in der Regel aufgrund eines Vergleichs von monetär bewertbaren und nicht monetär quantifizierbaren Kriterien. Mit Hilfe einer Investitionsrechnung lassen sich unterschiedliche Alternativen in Form von Kosten vergleichen. Abbildung 6.6 gibt eine Übersicht über die verschiedenen Investitionsrechnungsverfahren. Man unterscheidet zwischen dynamischen und statischen Verfahren [DAEU 87]. Dynamische Verfahren berücksichtigen die zeitlichen Einflüsse von Kapitalströmen. Sie erfassen die Kostenstrukturen zwar genauer, setzten aber eine Kenntnis der Einnahmen- und Kostenentwicklung zukünftiger Perioden voraus. Diese Eingangsdaten können häufig nicht genau ermittelt werden. Aus diesem Grund wird meist auf statische Verfahren zurückgegriffen. Diesen Verfahren werden für eine gewisse Zeitspanne Durchschittswerte für die benötigten Größen wie kalkulatorische Zinsen und die Abschreibung zu Grunde gelegt, die als repräsentativ für die gesamte Nutzungsdauer gelten. Auf- und Abzinsungen während einer Periode sind nicht berücksichtigt. Bei der Wahlenscheidung zwischen verschiedenen noch anzuschaffenden Anlagen

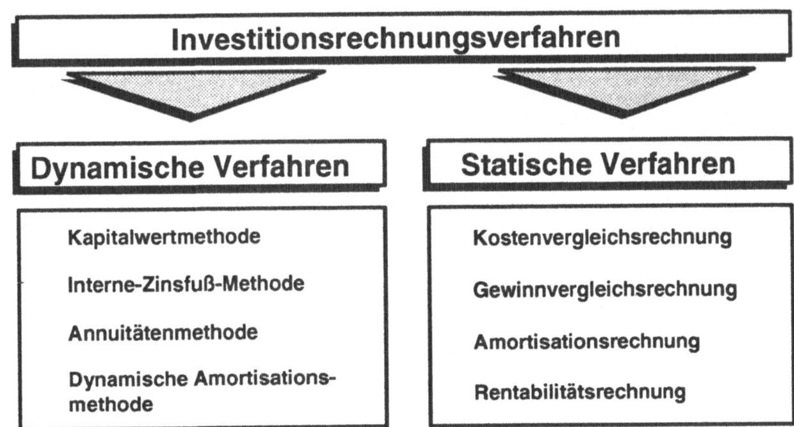

Abb. 6.6: Verschiedene Kostenrechnungsverfahren [DAEU 87]

wird in der Regel die Kostenvergleichsrechnung eingesetzt [DAEU 87, MAIE 86].

6.4.2 Statische Kostenvergleichsrechnung

Die statische Kostenvergleichsrechnung unterscheidet zwischen Kapitalkosten oder fixen Kosten und Betriebskosten oder variablen Kosten. Fixe Kosten fallen beispielsweise durch Abschreibungen, Zinsen oder Mieten für Räume an. Dagegen sind Kosten wie Löhne, Material, Energie, Kosten für Instandhaltung als variable Kosten anzusehen [DAEU 87, EHRL 88a]. Abbildung 6.7 zeigt einen Vergleich zwischen zwei unterschiedlichen Montageanlagen mit verschieden Investitionskosten und einer unterschiedlichen Anzahl manueller Arbeitsgängen. Der Vergleich beider Anlagen zeigt, daß die Anlage 2 geringere Kapitalkosten aufweist, allerdings höhere Betriebskosten im Form von Lohnkosten anfallen. Die Steigung der Geraden von Anlage 2 ist daher größer als die von Anlage 1. Der Schnittpunkt beider Geraden definiert die kritische Stückzahl pro Jahr, ab der sich mit der Anlage 1, die höhere Investitionen erfordert, geringere Herstellkosten erzielen lassen.

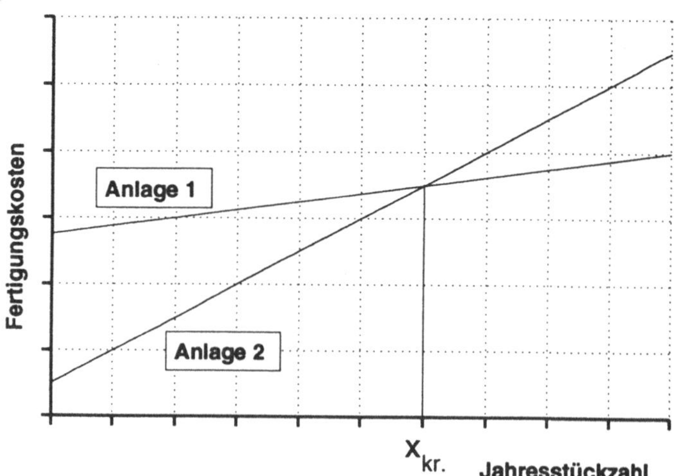

Abb. 6.7: Statische Kostenvergleichsrechnung [DAEU 87]

6.4.3 Berücksichtigung der Flexibilität bei flexiblen Montageanlagen

Mit Hilfe der statischen Kostenvergleichsrechnung lassen sich Anlagenalternativen bei einer Wahlentscheidung vergleichen und bewerten. Die Vorteile, die sich durch die flexible Automatisierung ergeben, werden allerdings kaum berücksichtigt. Einflußgrößen, wie Durchlaufzeitverkürzungen, Wiederverwendbarkeit von Komponenten und Anlagen, Qualitätsverbesserungen, kürzere Reaktionszeiten auf Kundenwünsche, Standardisierung und Technologievorsprung gegenüber Konkurrenten sind zwar technisch anerkannt, aber kaum betriebswissenschaftlich als Kostensenkungspotential in Berechnungen und Entscheidungen miteinbezogen. Flexible Anlagenkomponenten erfordern häufig einen höheren Kapitaleinsatz als starre Lösungen, können aber vielseitiger eingesetzt werden. Die Wirtschaftlichkeit läßt sich allerdings nur sehr schwierig nachweisen [SCHM 91].

Aus diesem Grund wird in [MAIE 86, SCHM 91, REFA 90] mit ersten Ansätzen versucht, das Kostensenkungspotential durch die Wiederverwendbarkeit oder Nachfolgeflexibilität eines Montagesystems oder einer Montagekomponente und unterschiedliche Umrüstzeiten beim Produktwechsel in die Wirtschaftlichkeitsbetrachtung mit einzubeziehen.

Sowohl die fixen als auch die variablen Kosten werden nach Abbildung 6.8 in jeweils produktneutrale und produktspezifische Kosten aufgeteilt. Der Industrieroboter stellt beispielsweise eine produktneutrale Montagekomponente dar, die flexibel für unterschiedliche Aufgaben eingesetzt werden kann. Nur so lassen sich analog eines Bearbeitungsprozesses in der Teilefertigung die Kosten entsprechend einer Maschinenstundensatz-, bzw. Platzkostenrechnung ermitteln. Unter die fixen, produktspezifischen Kosten fallen Anlagenteile, die zur Bearbeitung eines bestimmten Produktes konzipiert wurden. Das sind beispielsweise Werkzeuge, Vorrichtungen und Aufspannhilfsmittel. Bei variablen, produktspezifischen Kosten handelt es sich in der Regel um produktangepaßte, stückzahlabhängige Anlagenteile. Darunter fallen beispielsweise Werkstückträger in verketteten Produktionsprozessen oder verlorene Formen bei der Fertigung von Gußteilen. Fertigungslöhne, Energie- und Betriebsstoffe finden sich als variable, produktneutrale Kosten wieder.

Kosten		produkt-	
		neutral	spezifisch
stückzahl-	variabel	Löhne Energie	Werkstück-träger
	fix	Industrie-roboter	Werkzeuge Vorrichtungen

Abb. 6.8: Berücksichtigung der Flexibilität durch produktneutrale und produktspezifische Kosten

6.4.4 Kostenvergleichsrechnung unter Einbeziehung der Effekte komplienter Systeme

Bei der Planung einer flexibel automatisierten Anlage gibt es viele Unsicherheitsfaktoren hinsichtlich Prozeßsicherheit, erreichbarer Taktzeit, Verhalten auf Toleranzen, Bauteilbeschädigungen, Prozeßkräfte, etc. Der Einsatz komplienter Systeme beeinflußt diese Faktoren entscheidend. Ziel ist es daher, diese Effekte zusätzlich in die Kostenrechnung mit aufzunehmen, um mit Hilfe eines Rechenmodells verschiedene Systemlösungen genauer vergleichen zu können. Die Kostenrechnung sieht neben der Unterteilung der Kosten in produktspezifische und produktneutrale Anteile eine Berücksichtigung von Prozeß- und Werkzeugparametern vor.

Abbildung 6.9 zeigt die Einflußgrößen und die Zusammenhänge der Prozeß- und Werkzeugparameter auf die Kostenvergleichsrechnung. Um einen zu automatisierenden Fügeprozeß beurteilen zu können, sind in erster Linie die Faktoren der auftretenden Prozeßkäfte, der Bewegungsfreiheitsgrad, die zulässigen Prozeßtoleranzen, die Werkstücktoleranzen, die Bewegungslänge und Positionierzeiten enscheidend. Diese Faktoren beeinflussen die Investitionskosten und die Kosten für Inbetriebnahme, Instandhaltung, etc. Die Effekte komplienter Systeme sind in den Werkzeugparametern festgehalten. Diese Werkzeugparameter können die Einflußgrößen in der Kostenvergleichsrechnung entscheidend verändern.

Eine Parallelschaltung von Fügeprozessen reduziert beispielsweise die Taktzeit und veringert so bei entsprechender Stückzahl die Anschaffungskosten für mehrere Anlagen. Die Erhöhung der Systemtoleranz führt in erster Linie zu einer Erhöhung der Bahngeschwindigkeit und dadurch zu einer Reduzierung der Takteit. Die Reduzierung NC-gesteuerter Achsen sowie die Rückführung komplexer Bewegungen auf einfache Elementarbewegungen durch den Einsatz komplienter Systeme zielt vor allem auf eine Reduzierung der nötigen Investitionskosten ab.

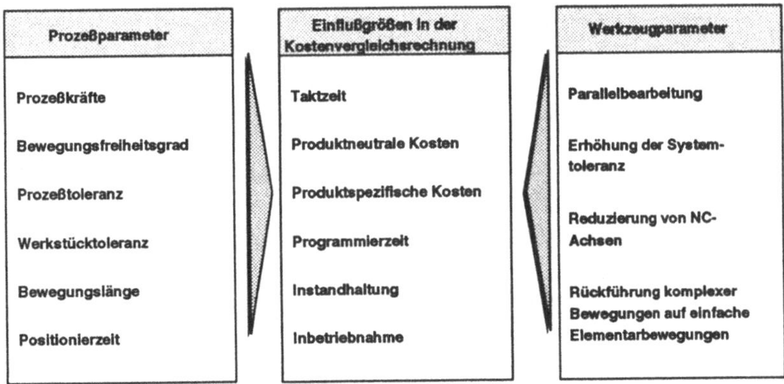

Abb. 6.9: Zusammenhänge zwischen Prozeß- und Werkzeugparametern

6.4.4.1 Kostenrechnung mit EXCEL-Tabellenkalkulation

Ziel der durchgeführten Kostenrechnung ist die Berücksichtigung der Prozeß- und Werkzeugparameter. Da die PC-Software inzwischen einen sehr hohen und komfortablen Standard erreicht hat und Kalkulationsprogramme als PC-Software verfügbar sind, kann von einem eigenen Kostenrechnungsprogramm abgesehen werden. Die benötigten Funktionen können daher mit einem käuflichen Kalkulationsprogramm durchgeführt werden. Als Kalkulationsprogramm findet EXCEL dabei Anwendung.

Die Ermittlung der Einflußgrößen erfolgt durch die Eingabe der Prozeß- und Werkzeugparameter in die in Abbildung 6.10 dargestellte Tabelle. Mit Hilfe dieser Eingangsgrößen werden die nötigen Investitionskosten für das benötigte Handlingsgerät, die erforderliche Montagezeit, Kosten für Wartung, Inbetrieb-

Prozeßparameter	Stückzeit bei manueller Ausführung	0.1 min.
	maximale Jahresstückzahl	100.000 St.
	Bewegungsfreiheitsgrade	6
	Prozeßkraft	100 N
	Prozeßtoleranz	2 mm
	Werkstücktoleranz	0,5 mm
	Bewegungslänge	2 m
	Positionierzeit	0,2 min

Werkzeugparameter	Parallelbearbeitung	Anzahl	1
	Systemtoleranz erhöhen	Bewegungsart	4
		Anz. kompl. Achsen	2
		Toleranzerweiterung	3 mm
	Reduzierung NC-Achsen	Bewegungsart	8
		Anz. kompl. Achsen	2
		Anzahl NC-Achsen	3
	Rückführung komplexer Bew. auf einfache Elementarbew.	Bewegungsart	8
		Anz. kompl. Achsen	3
		Anzahl NC-Achsen	0
		Anz. Endanschl.-Achse	2

Abb. 6.10: Ausschnitt der Maske der Tabellenkalkulation mit EXCEL

nahme, Abschreibung, kalkulatorische Zinsen, etc. ermittelt bzw. interaktiv eingegeben. Diese Daten dienen zur Ermittlung eines Maschinenstundensatzes bzw. des Platzkostenstundensatzes.

Das Ergebnis sind Verläufe für die Herstellkosten bzw. die Stückkosten über der Stückzahl. In Abbildung 6.10 ist ein Ausschnitt einer Maske dargestellt, in die die unterschiedlichen Faktoren eingetragen werden. Die Auswertung sowie die grafische Darstellung der Ergebnisse erfolgt mit Hilfe des Kalkulationsprogrammes.

6.4.4.2 Einsatzbeispiel: Abdornen von Formschläuchen

Für das Abdornen von Formschläuchen wurden bereits in Kap. 5 unterschiedliche Automatisierungsalternativen hergeleitet. Die Ergebnisse der Kostenvergleichsrechnung sind in Abbildung 6.11 dargestellt. Verglichen werden vier Systemlösungen. Die manuelle Tätigkeit ist geprägt durch mit der Jahresstückzahl proportional steigenden Lohnkosten. Automatisieren läßt sich dieser Prozeß entsprechend Kap. 5 entweder mit einer sehr einfachen Abziehgabel und einem Industrieroboter (reine Roboterlösung), einem Abziehwerkzeug mit komplienten Achsen und einem Roboter (komplientes Werkzeug), oder einem Federabdrückwerkzeug ohne Industrieroboter (Sondermaschine).

Aufgrund der sehr hohen Taktzeiten eines Roboters bei komplexen Bewegungen ist diese Lösung erheblich teurer als die manuelle Tätigkeit. Die reine Roboterlösung besitzt nur bei sehr geringen Stückzahlen Vorteile gegenüber der Alternative mit dem komplienten Werkzeug, da nahezu ausschließlich produktneutrale Investitionskosten anfallen. Das kompliente Werkzeug erzeugt zusätzlich produktspezifische Investitionskosten, da das Roboterabziehwerkzeug mit zwei rotatorischen Freiheitsgraden nur für das Abdornen von Schläuchen geeignet ist und daher nicht flexibel für andere Montageaufgaben eingesetzt werden kann. Mit Hilfe eines komplienten Werkzeuges lassen sich die Abdornprozesse parallelschalten. Die Kostenkurve schneidet schon bei geringen Stückzahlen die manuelle Kurve.

Die Automatisierungslösung mit einer Sondermaschine stellt eine technisch sehr einfache und prozeßsichere Automatisierungsalternative dar. Sie schneidet die Kurve der Lösung mit dem komplienten Roboterwerkzeug bei größeren Stückzahlen.

Der Grund ist darin zu sehen, daß aufgrund der geringen Anlagenflexibilität die Investitionskosten der Sondermaschine nahezu ausschließlich produktspezifischen Charakter haben. Während ein Industrieroboter als flexibles Handhabungsgerät bei geringen Stückzahlen andere Montageaufgaben übernehmen kann, würde eine Sondermaschine keine zusätzliche Produktionsleistung erbringen. Die Bauteile, wie die Dornleisten und die Abschiebefedern, sind an die jeweiligen Dornvarianten anzupassen. Es handelt sich um produktspezifische Kosten.

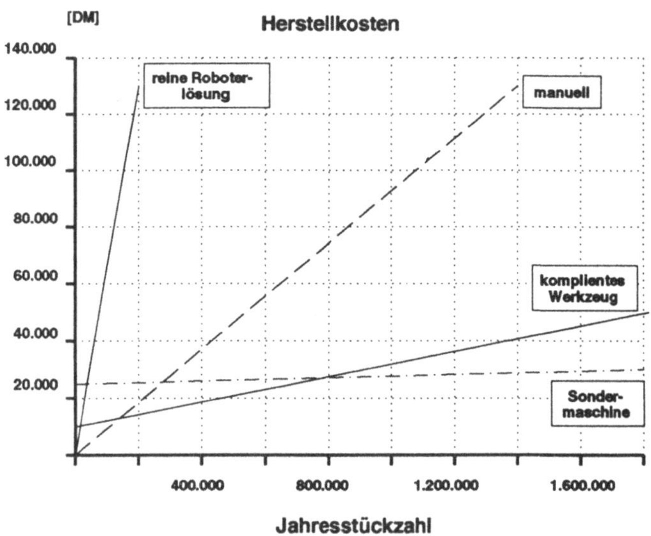

Abb. 6.11: Kostenvergleich: Abdornen von Formschläuchen

6.4.4.3 Einsatzbeispiel: Klipmontage

Bei dem bereits in Kap. 5 aufgeführten Beispiel der Klipmontage lassen sich mit Hilfe komplienter Systeme ebenfalls verschiedene Automatisierungslösungen ableiten. Die Fügebewegung läßt sich wiederum manuell, mit dem Roboter (reine Roboterlösung) oder mit einem komplienten Werkzeug ausführen. Beim Einsatz des komplienten Werkzeuges hat ein Roboter nur die Aufgabe, das Werkzeug zu positionieren. Es kann jeweils nur ein Klip gesetzt werden. Da das Werkzeug nur positioniert werden muß, läßt sich eine Parallelbearbeitung erzielen, indem mehrere Werkzeuge eingesetzt werden. Diese müssen entsprechend den Positionen der Klipaufnahmen beispielsweise an einem Rahmen befestigt sein. Dadurch reduziert sich zwar die Taktzeit um den Faktor der Anzahl der parallel montierten Bauteile, es verringert sich aber auch die Anpaßfähigkeit des Systems auf Varianten. Den Vergleich der Herstellkosten zeigt Abbildung 6.12. Die Tendenz entspricht der des Abdornens. Durch die hohen produktspezifischen Kosten aufgrund der geringen Anlagenflexibilität bzgl. anderer Arbeitsinhalte erreicht die Sondermaschine erst bei sehr großen Stückzahlen geringere Herstellkosten. Die Kombination

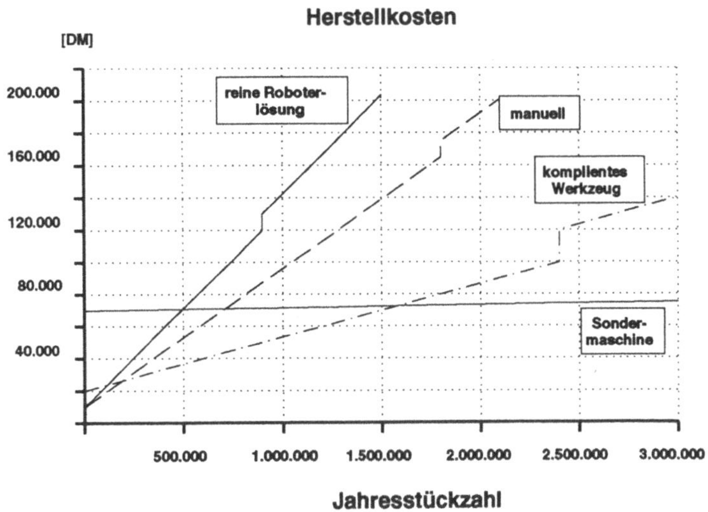

Abb. 6.12: Kostenvergleich: Klipmontage

eines Roboters mit einem komplienten Werkzeug weist zwar bei sehr kleinen Losgrößen höhere Herstellkosten als die reine Roboterlösung auf, kann sich allerdings gegenüber der manuellen Montage überhaupt erst behaupten.

6.4.4.4 Zielkonflikt beim Einsatz komplienter Systeme

Die angeführte Kostenrechnung sowie die Kostenvergleiche der beiden Beispiele zeigen zwei deutliche Effekte auf.

Zum einen steigen beim Einsatz komplienter Systeme die produktspezifischen Kosten, da es sich in der Regel um Automatisierungskomponenten handelt, die auf den jeweiligen Anwendungsfall angepaßt sind. Der Anteil produktneutraler Kosten sinkt dadurch. Demgegenüber lassen sich die Taktzeiten soweit reduzieren, daß Automatisierungslösungen erst wirtschaftlich werden und im Vergleich zur manuellen Montage kostengünstiger produziert werden kann.

Zum anderen können durch die Reduzierung der Taktzeit mit einer Anlage größere Stückzahlen produziert werden. Dem derzeitigen Trend zu geringeren Losgrößen und zu höherer Variantenvielfalt kann man dadurch gerecht werden, daß einem flexiblen Handhabungsgerät weitere Arbeitsinhalte übertragen werden. Das kann beispielsweise durch einen automatischen Greiferwechsel oder einen Revolvergreifer erfolgen.

6.5 Nutzwertanalyse

6.5.1 Vorgehensweise

Mit Hilfe der Kostenrechnung wird versucht, immer mehr Effekte, die sich aus der flexiblen Automatisierung ergeben, miteinzubeziehen [FEKE 89]. Es lassen sich allerdings nicht alle Faktoren berücksichtigen und monetär quantifizieren. Aus diesem Grund dient eine Nutzwertanalyse zum Vergleich der nicht monetär bewertbaren Faktoren bei der Wahlentscheidung unterschiedlicher Systemlösungen. Bei der Durchführung einer Nutzwertanalyse werden zuerst Zielkriterien ermittelt, in einem zweiten Schritt eine Gewichtung dieser Kriterien durchgeführt und schließlich die Nutzwerte ermittelt [REFA 90].

6.5.2 Zielkriterien und deren Gewichtung

Die Einführung einer automatisierten Anlage wird neben Kostenvorteilen häufig mit Einflußgrößen wie Technologievorsprung, Durchlaufzeitverkürzung oder Erhöhung der Produktqualität begründet. Diese Faktoren stehen allgemein bei der Entscheidung für oder gegen eine Automatisierung. Der Einsatz komplienter Systeme zielt auf speziellere Kriterien. Insbesondere die Systemkomplexität, die Instandsetzbarkeit, der Entwicklungs- und Steuerungsaufwand, der Einfluß auf Toleranzen und die nötige Personalqualifikation lassen sich dadurch beeinflussen. Die Systemkomplexität und die Instandsetzbarkeit von unterschiedlichen Systemlösungen kann beispielsweise durch die Anzahl von Sensoren oder bewegten Komponenten verglichen werden. Die Störungsanfalligkeit wird dadurch beeinflußt. Der Einsatz von Standardkomponenten kann als Kriterium des Entwicklungsaufwandes eingesetzt werden. Der Steuerungsaufwand läßt sich u.a. mit Hilfe der Anzahl der zu steuernden Achsen oder der Anzahl von Sensorabfragen abschätzen. Die zulässigen Eingangstoleranzen sind für die Abschätzung der Prozeßsicherheit entscheidend. Die Personalqualifikation ist bei der Instandhaltung einer Anlage von Bedeutung. Mechanische Fehler lassen sich häufig einfacher erkennen und beheben als beispielsweise Fehler in der Steuerung. Diese Kriterien wirken sich in der nötigen Qualifikation des Instandhaltungspersonals aus.

In Abbildung 6.13 ist die Ermittlung der Gewichtungsfaktoren mit Hilfe eines paarweisen Vergleichs dargestellt [REFA 90]. Bei diesem Verfahren werden der Reihe nach alle Zielkriterien miteinander verglichen und entsprechend der Zuordnung "wichtiger", "gleich wichtig" und "weniger wichtig" Punkte zugeordnet.

wichtiger:	3
gleich wichtig:	2
unwichtiger	1

		1.	2.	3.	4.	5.	6.	Gewichtungs-faktoren
1.	Systemkomplexität	2	3	3	3	3	3	17
2.	Instandsetzbarkeit	2	2	3	2	2	2	13
3.	Entwicklungsaufwand	2	1	2	1	1	1	8
4.	Steuerungsaufwand	2	1	2	2	1	2	10
5.	Eingangstoleranzen	1	2	1	2	2	2	10
6.	Personalqualifikation	2	2	3	2	3	2	14
	Summe der Gewichtungsfaktoren:							72

Abb. 6.13: Paarweiser Vergleich zur Gewichtung der Zielkriterien

6.5.3 Bestimmung der Nutzwerte

Die Nutzwertanlyse dient dazu, unterschiedlichen Systemlösungen hinsichtlich der angeführten Zielkriterien miteinander zu vergleichen. Als Arbeitssysteme stehen sich die "reine Roboterlösung", der "Roboter mit einem sensorgeführten Werkzeug" (z.B. Nahtfolgesensor beim Laserschweißen), der "Roboter mit einem komplienten Werkzeug" und die "Sondermaschine" gegenüber. Der Erfüllungsgrad der Bewertungskriterien kann zwischen 10 für "sehr gut" und 1 für "ungenügend" betragen. Das Produkt aus dem Erfüllungsgrad und dem Gewichtungsfaktor ergibt den Nutzwert. Mit Hilfe der maximalen Gewichtung und des maximalen Nutzwertes läßt sich der relative Nutzwert ermitteln. Die in Abbildung 6.14 durchgeführte Nutzwertanalyse zeigt folgende Trends.

Bei der reinen Roboterlösung kann auf sehr viele bewährte Standardkomponenten zurückgegriffen werden. Der Erfüllungsgrad bezüglich Systemkomplexität und Entwicklungsaufwand ist entsprechend hoch, bezüglich Steuerungsaufwand und Eingangstoleranzen gering.

Die Kombination eines Industrieroboters mit einem Sensorsystem kann zu einem komplexen, anfälligen Gesamtsystem führen. Damit ist ein großer Aufwand bei der Instandsetzung und der Personalqualifikation verbunden.

Die Variante eines Industrieroboters mit einem komplienten Werkzeug nutzt die Vorzüge des Roboters als Standardkomponente und reduziert v.a. die Systemkomplexität, den Steuerungsaufwand und den Einfluß von Toleranzen. Da es sich bei komplienten System in der Regel um einfache mechanische Komponenten handelt, lassen sich Fehler einfach erkennen und beheben.

Bei der Sondermaschine handelt es sich meist um eine spezielle, aufgabenangepaßte Alternative. Die Variante hat daher bis auf das Kriterium des Entwicklungsaufwandes hohe Erfüllungsgrade. Enorme Einschränkungen sind allerdings im Bereich der Anlagenflexibilität vorhanden.

In der durchgeführten Nutzwertanalyse wurden vor allem Zielkriterien bewertet, die auf die Einfachheit einer automatisierten Anlage abzielen. Der Einfluß auf die Verfügbarkeit, Fehlerdiagnose und Zuverlässigkeit sind dabei entscheidende Faktoren. Diese können durch den Einsatz komplienter System verbessert werden.

maximale Gewichtung: 72
maximaler Nutzwert: 720

		Roboter			Roboter + Sensor			Roboter + Komplienz			Sondermaschine		
		Erf.G.	Gew.	NW	Erf.G.	Gew.	NW	Erf.G.	Gew.	NW	Erf.G.	Gew.	NW
1.	Systemkomplexität	8	17	136	4	17	68	8	17	136	9	17	153
2.	Instandsetzbarkeit	5	13	65	2	13	26	7	13	91	8	13	104
3.	Entwicklungsaufwand	8	8	64	4	8	32	7	8	56	5	8	40
4.	Steuerungsaufwand	2	10	20	4	10	40	8	10	80	8	10	80
5.	Eingangstoleranzen	2	10	20	6	10	60	10	10	100	8	10	80
6.	Personalqualifikation	5	14	70	1	14	14	8	14	112	8	14	112
	Nutzwert:			375			240			575			569
	relativer Nutzwert:			52%			33%			80%			79%

Abb. 6.14: Bewertung der Alternativen mit Hilfe der Nutzwertanalyse

6.6 Zusammenfassung

Die Untersuchungen hinsichtlich Bahnverhalten und Bahngeschwindigkeit eines Industrieroboters zeigen deutlich, daß bei der Automatisierung komplexer Bewegungen enorme Restriktionen in Kauf zu nehmen sind. Diese führen häufig zu erhöhten Taktzeiten und somit zu geringer Wirtschaftlichkeit einer Automatisierungslösung. Durch den Einsatz komplienter Systeme erhöhen sich die produktspezifischen Investitionskosten. Es können aber durch eine Verringerung der produktneutralen Kosten und durch die Reduzierung der Taktzeit die Herstellkosten beträchtlich gesenkt werden.

Mit Hilfe der durchgeführten Nutzwertanalyse lassen sich die nicht monetär bewertbaren Einflußgrößen beim Einsatz komplienter Systeme aufzeigen. Entscheidend ist in erster Linie die Fehlertoleranz und die Reduzierung der Systemkomplexität. Dadurch lassen sich komplexe Produktionsprozesse sicher beherrschen.

7 Zusammenfassung

Bei der Automatisierung mittels Industrieroboter als flexiblem Handhabungsgerät ergeben sich unterschiedliche Einsatzhemmnisse. Toleranzen und Fehler an Bauteilen, aber auch Positionierungenauigkeiten der Handhabungsgeräte stellen gerade in der Montage Hindernisse für einen reibungslosen Prozeß dar. Die Kombination eines Industrieroboters mit einem Sensorsystem erzeugt sehr hohe Kosten. Außerdem erhält man ein äußerst komplexes Gesamtsystem, das hinsichtlich seines funktionssicheren Betriebes speziell geschultes Personal erfordert. Bei komplexen Bewegungsabläufen können Industrieroboter an ihre Grenzen stoßen, so daß häufig kein wirtschaftlicher Einsatz möglich ist.

Zur Verbesserung dieser Einschränkungen kann der Einsatz komplienter Systeme einen entscheidenden Beitrag leisten. Ziel der Arbeit war es daher, Automatisierungsansätze mit komplienten Systemen sowie deren methodische Konzeption aufzuzeigen. Für eine methodische Vorgehensweise wurden zunächst die Einsatzgebiete strukturiert und die Zielgrößen abgeleitet. Von Bedeutung sind dabei nicht die Fügverfahren nach DIN 8593, sondern lediglich die Bewegungen, die beispielsweise bei einem Fügeprozeß nötig sind. Diese Bewegungen wurden in einfache und komplexe, in Füge- und Führungsbewegungen unterteilt.

Aus dieser Strukturierung leiten sich zwei zentrale Ziele beim Einsatz komplienter Systeme ab. Das sind erstens der passive Toleranzausgleich bei einfachen Bewegungen und zweitens die Bewegungsvereinfachung bei komplexen Bewegungen.

Aufgrund der Analyse der Funktionsweise eines komplienten Systems ist die Nachgiebigkeit entscheidend. Als Nachgiebigkeit können elastische Wirkflächen eines Bauteils oder des Werkzeuges eingesetzt werden, oder sie wird in die Werkzeugaufhängung gelegt. Hierbei setzt sich die Nachgiebigkeit meist aus einer Kinematik und den Nachgiebigkeitselementen zusammen. Mit Hilfe der erarbeiteten Konstruktionskataloge lassen sich für einen entsprechenden

Anwendungsfall Lösungskataloge ableiten und eine geeignete Lösung auswählen.

Die aufgeführten Einsatzbereiche sind der passive Toleranzausgleich bei Bauteilen mit mehreren Fügestellen und der Einsatz bei komplexen Bewegungen. Beim mehreren Fügestellen gibt es bisher kaum Ansätze für den Einsatz passiver Toleranzausgleichsmechanismen. Hier wurden im Rahmen der Arbeit die dezentrale Toleranzausgleichsstrategie sowie neuartige Toleranzausgleichsmodule entwickelt, die als Standardmodule angesehen werden können.

Der Einsatz komplienter Systeme bei komplexen Bewegungen läßt sich nicht auf Standardmodule zurückführen. Hier ist vielmehr eine Anpassung an den jeweiligen Einsatzfall nötig. Von entscheidender Bedeutung ist hier die Kopplung zwischen Werkstückgeometrie und Werkzeug. An Hand von Praxisbeispielen wurden die Effekte einer Bewegungsvereinfachung näher erläutert und die daraus resultierenden Automatisierungsalternativen aufgezeigt.

Die Effekte, die sich mit dem Einsatz komplienter Systeme ergeben, wurden außerdem einer Wirtschaftlichkeitsbetrachtung unterzogen. Das Ergebnis zeigt, daß sich durch den Einsatz komplienter System gerade bei komplexen Bewegungen die Herstellkosten enorm reduzieren lassen. Automatisierungsansätze lassen sich damit im Vergleich zum manuellen Arbeitssystem erst wirtschaftlich gestalten.

Die durchgeführte Nutzwertanalyse berücksichtigt die nicht monetär bewertbaren Einflußgrößen. Hier ist vor allem die geringe Systemkomplexität von Bedeutung. Da ein komplientes System aus einfachen mechanischen Komponenten aufgebaut ist, werden Vorgänge auch für nicht spezialisiertes Personal hinsichtlich Störungen und Wartung transparent. Ein Automatisierungsprozeß wird somit einfach beherrschbar. Die Komplexität läßt sich durch den Einsatz komplienter Systeme gering halten und einfach beherrschen.

8 Literaturverzeichnis

[ABAQ 84a] N.N.: Abaqus-Theory-Manual. Hibbit, Kalson and Sorensen Inc., 1984.

[ABAQ 84b] N.N.: Abaqus-User-Manual. Hibbit, Kalson and Sorensen Inc., 1984.

[ARAI 81] Arai, T.; Kinoshita, N.: The part mating forces that arise when using a workable with compliance. Assembley Automation, 1981.

[BAST 90] Bastert, R.: Entgraten mit Industrierobotern. TÜV Rheinland 1990.

[BRAC 91] N.N.: Die Butterbrot-Branche. Steter Zuwachs im Robotermarkt der BRD. Robotermarkt 1991.

[BRON 76] Bronstein, I.; Semendjajew, K.: Taschenbuch der Mathematik. Verlag Harri Deutsch, Thun, 1976.

[BW 9038] N.N.: VDI Bildungswerk, System - Werkstückträger für durchgehende Ordnung in flexibler Fertigung und Montage.

[CUTK 85] Cutkosky, M.R.: Grasping and Fine Manipulation. Boston Dordrecht Lancaster Kluwer Academic Publishers 1985.

[DAEU 87] Däumler, K.-D.: Grundlagen der Investitions- und Wirtschaflichkeitsrechnung, 5. Auflage. Verlag Neue Wirtschafts-Briefe, Herne/Berlin 1987.

[DEFA 84] De Fazio, T.L.; Seltzer, D.S.; Whitney, D.E.: The Instrumented Remote-Center-Compliance. The Industrial Robot 12 (1984), S. 238-242.

[DIES 87] Diess, H.: Rechnerunterstützte Entwicklung flexibel automatisierter Montageprozesse. iwb Forschungsberichte 11. Springer Verlag Berlin Heidelberg New York Tokyo 1987.

[DIN 8580] N.N.: DIN 8580. Fertigungsverfahren, Begriffe, Einteilung. Berlin; Köln: Beuth Verlag, 1985.

[DIN 8593] N.N.: Fertigungsverfahren Fügen. DIN 8593 Deutsche Norm. Berlin Köln 1985.

[DILL 92] Dilling, U.: Planung von Fertigungssystemen unterstützt durch Wirtschaftlichkeitssimulation. iwb Forschungsberichte 59. Springer Verlag 1992.

[DRAK 77] Drake, S.H.: Using Compliance in Lieu of Sensory Feedback for Automatic Assembly. Diss. Massachusets Institute of Technology (USA) 1977.

[EHRL 88] Ehrlenspiel, K.: Konstruktionlehre. Skriptum zur Vorlesung. Technische Universität München 1988.

[EHRL 88a] Ehrlenspiel K.: Kostengünstig Konstruieren. Lehrstuhl für Konstruktion im Maschinenbau. Technische Universität München, 1988.

[FAKR 84] Fakri, A.; Jutard, A.; Lugeois, G.: Passive compliant wrist with two rotation centers for assembly robot (DCR-LAI device). 5th International Conference on Assembly Automation Paris France May 1984.

[FEKE 89] Fekecs, B.: Ein Ansatz zur quantitativen Bewertung der Flexibilität von Fertigungssystemen. Springer Verlag wt 79 (1989).

[FICH 92] Fichtmüller, N.; Hoßmann, J.; Kugelmann, F.: Handling formlabiler Teile. Konstruktionskataloge für schnellere Erfolge. Roboter mi-Verlag (1992)2.

[FISC 88] Fischer, G.; Frankenhauser, B.; Weisener, T.; Domm, M.: Aufbau und Betrieb flexibler automatischer Montagesysteme. SFB 158 Kolloquium 1988.

[FRAN 89] Frankenhauser, B.: Methoden zum Toleranzausgleich. Ein Vergleich aller Verfahren. Montage, 2/1989.

[GEBA 92] Gebauer, L.: Prozeßuntersuchungen zur automatisierten Montage von optischen Linsen. iwb Forschungsbericht 47. Springer Verlag Berlin Heidelberg New York London Paris Tokyo Hong Kong 1992.

[GOET 91] Götz, R.: Strukturierte Planung flexibler automatisierter Montagesysteme für flächige Bauteile. iwb Forschungsbericht 39. Springer Verlag Berlin Heidelberg New York London Paris Tokyo Hong Kong Barcelona Budapest 1991.

[GUER 92] Guerrero, H-H.: Zukunftsweisendes Konzept für die Montageplanung. International Journal of Production Research 29(1991)1, S. 39-51.

[HAMM 88] Hammerschmidt, Ch.; Schwanitz, V.; Herfter, D.; Butschke, R.: Fügemechanismen für die Montageautomatisierung mit Robotern. Wissenschaftliche Schriftenreihe TH Karl-Marx-Stadt 1988.

[HART 84] Hartmann, G.: Wirtschaftlichkeit von Industrieroboter-Einsätzen. Zeitschrift für wirtschaftliche Fertigung 79(1984), S. 413-415.

[HOSS 92] Hoßmann, J.: Methodik zur Planung der automatischen Montage von nicht formstabilen Bauteilen. iwb Forschungsbericht 43. Springer Verlag Berlin Heidelberg New York London Paris Hong Kong Barcelona Budapest 1992.

[IPR 92] N.N.: Produktkatalog, Fa. IPR, Industriestraße 29, 7103 Schwaigern, 1992.

[JACO 82] Jacobi, P.: Fügemechanismen für die automatische Montage mit Industrierobotern. Technische Hochschule Karl-Marx-Stadt 1982.

[JOHN 87] John, T.: Systematische Entwicklung von homokinetischen Wellenkupplungen. Forschungsbericht Band D24. KM-München 1987.

[KUCH 85] Kuchling, H.: Taschenbuch der Pysik. Fachbuchverlag Leipzig 1985.

[KUGE 92] Kugelmann, F.: Komplexe Fügebewegungen kostengünstig automatisieren. WT Springer 4/92 S. 62-64.

[KUGE 92a] Kugelmann, F.: Clip-Montage. Pneumatisches Werkzeug mit Eigendynamik. Roboter mi-Verlag (1992)2.

[LIST 88] N.N.: Ein listenreicher Greifer ohne Sensorik. Robotertechnik 1988.

[LOTT 92] Lotter, B.: Ausgangslage und Vorgehensweise zur flexiblen Montage. VDI Berichte 955. Düsseldorf 1992, S. 1-12.

[MAGN 79] Magnus, K.; Müller, H.H.: Grundlagen der technischen Mechanik. Stuttgart: Teubner 1979.

[MAIE 86] Maier, Ch.: Montageautomatisierung am Beispiel des Schraubens mit Industrierobotern. iwb Forschungsberichte 3. Springer Verlag Berlin Heidelberg New York Tokyo 1986.

[MAIE 88] Maier, Ch.: Aufbau und Einsatz von Industrierobotern. Vorlesungsskriptum 2. Auflage. Technische Universität München 1988.

[MARK 92] N.N.: Kein Ende der Fahnenstange, Wachsender Markt für Automatisierungskomponenten. Robotertechnik 1992, S. 8-10.

[MCCA 79] McCallion, H.; Johnson, G.R.; Pham, D.T.: A Compliant Device for Inserting a Peg into a Hole. The Industrial Robot, 6 (1979).

[MIKS 91] Miksch, R.: FEM - effektives Werkzeug zur Montageplanung. Die neue Fabrik mi-Verlag 1991, S. 100-102.

[MILB 86] Milberg, J.; Maier, C.: Fügehilfen zur Automatisierung. Schrauben mit Industrierobotern. Industrieanzeiger 22 (1986) S. 39-41.

[MILB 87] Milberg, J.: Sammelbecken aller Fehler. Moderne Fertigung Juni 1987, S. 32-39.

[MILB 89] Milberg, J.; Schmidt, M.: Flexible Montage - Chance und Herausforderung. Montage (1989) 2.

[MILB 90] Milberg, J.; Koepfer, T.: Trends in der Produktionsautomatisierung - Wettbewerbsvorteile durch Rechnerintegration. Bulletin SEV VSE 81 (1990) 9, 5. Mai, S. 13-19.

[MILB 92] Milberg, J.; Maier, C.; Fischbacher, J.: Die schlanke Produktion. Lean Production - eine Herausforderung für die Montage. Montage März 1992.

[MONT 92] N.N.: Flexible Montage. Rechnerintegrierte Konstruktion und Produktion. VDI-Verlag Düsseldorf 1992.

[NEVI 80] Nevins, J.L.; Whitney, D.E.: Assembley Research. The Industrial Robot. March 1980.

[NIEM 81] Niemann, G.: Maschinenelemente. Konstruktion und Berechnung von Verbindungen, Lagern, Wellen. Band 1, 2. Auflage, Springer Verlag Berlin Heidelberg New York 1981.

[PAHL 86] Pahl, G.; Beitz, W.: Konstruktionslehre. Handbuch für Studium und Praxis. Springer Verlag Berlin Heidelberg New York London Paris Tokyo 1986.

[PATA 89] N.N.: PAT/ABAQUS-Application Interface. Release 3.0. PDA Engeneering February 1989.

[PATR 88] N.N.: Patran-Plus User Manual. Release 2.3. PDA - Engeneering July 1988.

[PHAM 82] Pham, D.T.: On Designing Components for Automatic Assembly. Proceedings of the 3rd ICAA Böblingen 1982.

[RAAB 86] Raab, H.: Handbuch Industrieroboter. Vieweg Verlag 1986.

[RADE 92] Rademacher, L.: Wie genau arbeiten Automaten. Roboter Februar 1992, S. 50-53.

[REFA 85] N.N.: REFA Methodenlehre des Arbeitsstudiums. Teil 3 Kostenrechnung, Arbeitsgestaltung. Carl Hanser Verlag, München 1985.

[REFA 90] N.N.: Planung und Gestaltung komplexer Produktionssysteme. Carl Hanser Verlag, München 1990.

[RIES 88] Riese, K.: Klipsmontage mit Industrierobotern. Springer Verlag Berlin Heidelberg New York Tokyo 1988.

[ROTH 82] Roth, K.-H.: Konstruieren mit Konstruktionskatalogen. Springer Verlag Berlin Heidelberg New York 1982.

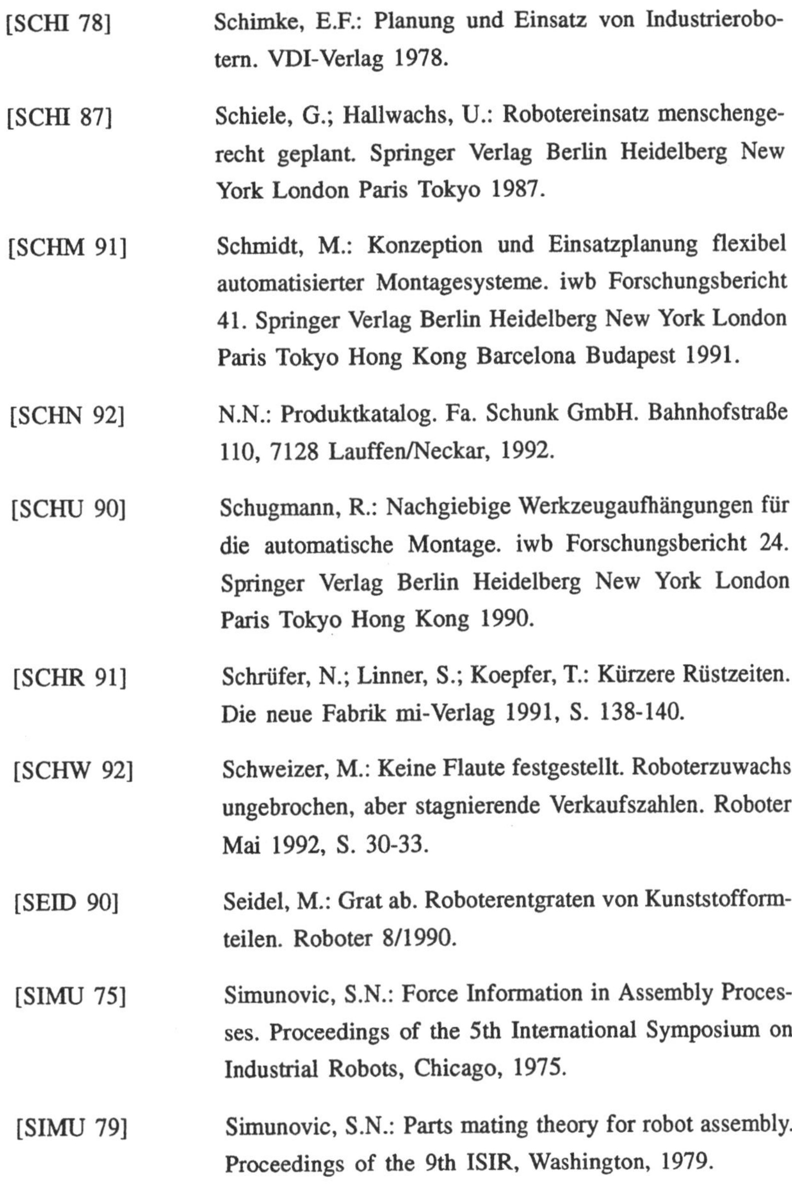

[SCHI 78] Schimke, E.F.: Planung und Einsatz von Industrierobotern. VDI-Verlag 1978.

[SCHI 87] Schiele, G.; Hallwachs, U.: Robotereinsatz menschengerecht geplant. Springer Verlag Berlin Heidelberg New York London Paris Tokyo 1987.

[SCHM 91] Schmidt, M.: Konzeption und Einsatzplanung flexibel automatisierter Montagesysteme. iwb Forschungsbericht 41. Springer Verlag Berlin Heidelberg New York London Paris Tokyo Hong Kong Barcelona Budapest 1991.

[SCHN 92] N.N.: Produktkatalog. Fa. Schunk GmbH. Bahnhofstraße 110, 7128 Lauffen/Neckar, 1992.

[SCHU 90] Schugmann, R.: Nachgiebige Werkzeugaufhängungen für die automatische Montage. iwb Forschungsbericht 24. Springer Verlag Berlin Heidelberg New York London Paris Tokyo Hong Kong 1990.

[SCHR 91] Schrüfer, N.; Linner, S.; Koepfer, T.: Kürzere Rüstzeiten. Die neue Fabrik mi-Verlag 1991, S. 138-140.

[SCHW 92] Schweizer, M.: Keine Flaute festgestellt. Roboterzuwachs ungebrochen, aber stagnierende Verkaufszahlen. Roboter Mai 1992, S. 30-33.

[SEID 90] Seidel, M.: Grat ab. Roboterentgraten von Kunststoffformteilen. Roboter 8/1990.

[SIMU 75] Simunovic, S.N.: Force Information in Assembly Processes. Proceedings of the 5th International Symposium on Industrial Robots, Chicago, 1975.

[SIMU 79] Simunovic, S.N.: Parts mating theory for robot assembly. Proceedings of the 9th ISIR, Washington, 1979.

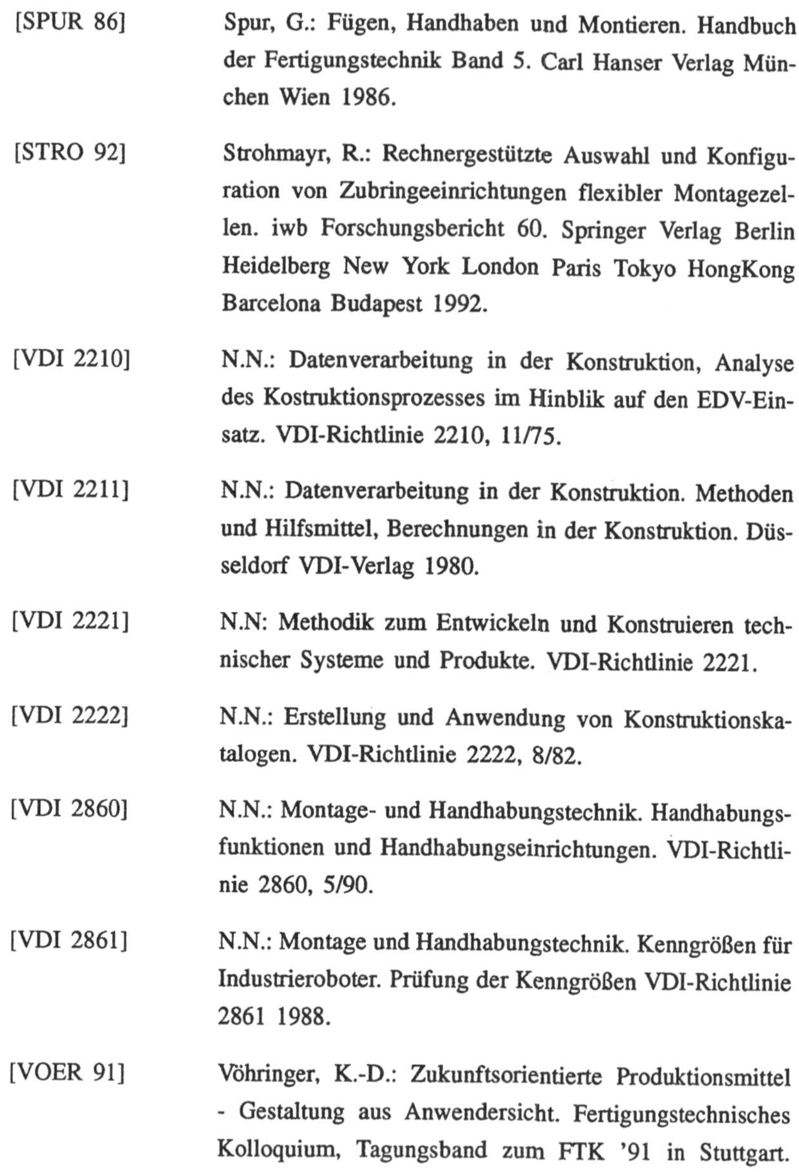

[SPUR 86] Spur, G.: Fügen, Handhaben und Montieren. Handbuch der Fertigungstechnik Band 5. Carl Hanser Verlag München Wien 1986.

[STRO 92] Strohmayr, R.: Rechnergestützte Auswahl und Konfiguration von Zubringeeinrichtungen flexibler Montagezellen. iwb Forschungsbericht 60. Springer Verlag Berlin Heidelberg New York London Paris Tokyo HongKong Barcelona Budapest 1992.

[VDI 2210] N.N.: Datenverarbeitung in der Konstruktion, Analyse des Kostruktionsprozesses im Hinblik auf den EDV-Einsatz. VDI-Richtlinie 2210, 11/75.

[VDI 2211] N.N.: Datenverarbeitung in der Konstruktion. Methoden und Hilfsmittel, Berechnungen in der Konstruktion. Düsseldorf VDI-Verlag 1980.

[VDI 2221] N.N: Methodik zum Entwickeln und Konstruieren technischer Systeme und Produkte. VDI-Richtlinie 2221.

[VDI 2222] N.N.: Erstellung und Anwendung von Konstruktionskatalogen. VDI-Richtlinie 2222, 8/82.

[VDI 2860] N.N.: Montage- und Handhabungstechnik. Handhabungsfunktionen und Handhabungseinrichtungen. VDI-Richtlinie 2860, 5/90.

[VDI 2861] N.N.: Montage und Handhabungstechnik. Kenngrößen für Industrieroboter. Prüfung der Kenngrößen VDI-Richtlinie 2861 1988.

[VOER 91] Vöhringer, K.-D.: Zukunftsorientierte Produktionsmittel - Gestaltung aus Anwendersicht. Fertigungstechnisches Kolloquium, Tagungsband zum FTK '91 in Stuttgart. Springer Verlag Berlin 1991, S. 20-26.

[WARN 79] Warnecke, H.-J.; Schraft, R.D.: Industrieroboter. Krausskopfverlag GmbH, 1979.

[WARN 80] Warnecke, H.-J.; Bullinger, H.-J.; Hichert, T.: Wirtschaftlichkeitsrechnung für Ingenieure. Hanser Verlag München Wien 1980.

[WARN 84] Warnecke, H.-J.; Schraft, R.D.: Handbuch Handhabung-, Montage- und Industrierobotertechnik, Band 2, Landsberg 1984.

[WARN 87] Warnecke, H.J.; Schweizer, M.; Schöninger, J.: Musterverarbeitung mit taktilen Sensoren. Konzept eines Modularen Aktiven Greifer/Sensorsystems (MAGS). Robotersysteme 3 (1987), S. 65-72.

[WARN 90] Warnecke, H.-J.; Schweizer, M.; Schweigert, U.: Toleranzausgleich in der Präzisionsmontage. Montage, 1 (1990).

[WARN 90a] Warnecke, H.J.; Fischer, G.E.: Entwicklung eines Compliance-Elements zur Montageautomatisierung. Springer Robotersysteme 6/1990, S. 129-139.

[WEND 90] Wendt, A.: Roboterbahnen mit Hilfe der Motographie erfassen. ZwF 85 (1990).

[WEUL 91] Weule, H.: Forschungs- und Entwicklungsstrategien im Unternehmen. Fertigungstechnisches Kolloquium. Tagungsband zum FTK '91 in Stuttgart. Springer Verlag Berlin 1991, S. 7-12.

[WHIT 79] Whitney, D.E.; Nevins, J.L.: What is the Remote Center Compliance (RCC) and what can it do? Proceedings of the 9th ISIR, Washington DC 1979.

[WISB 90] Wisbacher, J.: Simulation komplexer Fügebewegungen bei der Montage von Schnappverbindungen. Kunststoffe 1/90 S. 61-64.

[WISB 92] Wisbacher, J.: Methoden zur rationellen Automatisierung der Montage von Schnellbefestigungselementen. iwb Forschungsberichte 49. Springer Verlag Berlin Heidelberg New York London Paris Tokyo Hong Kong Barcelona Budapest 1992.

[WOEN 91] Woenckhaus, C.; Stetter, R.; Tauber, A.: Simulation - unverzichtbare Planungskomponente. Die neue Fabrik mi-Verlag 1991, S. 121-124.

[WOLF 88] Wolf, E.: Roboterhand an der Leiterplatte. Montage, 3 (1988).

iwb Forschungsberichte

Berichte aus dem Institut für Werkzeugmaschinen und Betriebswissenschaften der Technischen Universität München

Herausgeber: Prof. Dr.-Ing. J. Milberg

---

1 **Streifinger, E.**
Beitrag zur Sicherung der Zuverlässigkeit und Verfügbarkeit moderner Fertigungsmittel
1986. 72 Abb. 167 Seiten, ISBN 3-540-16391-3 — 68,- DM

2 **Fuchsberger, A.**
Untersuchung der spanenden Bearbeitung von Knochen
1986. 90 Abb. 175 Seiten, ISBN 3-540-16392-1 — 68,- DM

3 **Maier, C.**
Montageautomatisierung am Beispiel des Schraubens mit Industrierobotern
1986. 77 Abb. 144 Seiten, ISBN 3-540-16393-X — 68,- DM

4 **Summer, H.**
Modell zur Berechnung verzweigter Antriebsstrukturen
1986. 74 Abb. 197 Seiten, ISBN 3-540-16394-8 — 68,- DM

5 **Simon, W.**
Elektrische Vorschubantriebe an NC-Systemen
1986. 141 Abb. 198 Seiten, ISBN 3-540-16693-9 — 68,- DM

6 **Büchs, S.**
Analytische Untersuchungen zur Technologie der Kugelbearbeitung
1986. 74 Abb. 173 Seiten, ISBN 3-540-16694-7 — 68,- DM

7 **Hunzinger, I.**
Schneiderodierte Oberflächen
1986. 79 Abb. 162 Seiten, ISBN 3-540-16695-5 — 68,- DM

8 **Pilland, U.**
Echtzeit-Kollisionsschutz an NC-Drehmaschinen
1986. 54 Abb. 127 Seiten, ISBN 3-540-17274-2 — 68,- DM

9 **Barthelmeß, P.**
Montagegerechtes Konstruieren durch die Integration von Produkt- und Montageprozeßgestaltung
1987. 70 Abb. 144 Seiten, ISBN 3-540-18120-2 — 68,- DM

10 **Reithofer, N.**
Nutzungssicherung von flexibel automatisierten Produktionsanlagen
1987. 84 Abb. 176 Seiten, ISBN 3-540-18440-6 — 68,- DM

11 **Diess, H.**
Rechnerunterstützte Entwicklung flexibel automatisierter Montageprozesse
1988. 56 Abb. 144 Seiten, ISBN 3-540-18799-5 — 73,- DM

12 **Reinhart, G.**
Flexible Automatisierung der Konstruktion
und Fertigung elektrischer Leitungssätze
1988, 112 Abb. 197 Seiten, ISBN 3-540-19003-1 73,- DM

13 **Bürstner, H.**
Investitionsentscheidung in der rechnerintegrierten Produktion
1988, 77Abb. 190 Seiten, ISBN 3-540-19099-6 73,- DM

14 **Groha, A.**
Universelles Zellenrechnerkonzept für flexible Fertigungssysteme
1988, 74 Abb. 153 Seiten, ISBN 3-540-19182-8 73,- DM

15 **Riese, K.**
Klipsmontage mit Industrierobotern
1988, 92 Abb. 150 Seiten, ISBN 3-540-19183-6 73,- DM

16 **Lutz, P.**
Leitsysteme für rechnerintegrierte Auftragsabwicklung
1988, 44 Abb. 144 Seiten, ISBN 3-540-19260-3 73,- DM

17 **Klippel, C.**
Mobiler Roboter im Materialfluß eines flexiblen Fertigungssystems
1988, 86 Abb. 164 Seiten, ISBN 3-540-50468-0 73,- DM

18 **Rascher, R.**
Experimentelle Untersuchungen zur Technologie der Kugelherstellung
1989, 110 Abb. 200 Seiten, ISBN 3-540-51301-9 73,- DM

19 **Heusler, H.-J.**
Rechnerunterstützte Planung flexibler Montagesysteme
1989, 43 Abb. 154 Seiten, ISBN 3-540-51723-5 73,- DM

20 **Kirchknopf, P.**
Ermittlung modaler Parameter aus Übertragungsfrequenzgängen
1989, 57 Abb. 157 Seiten, ISBN 3-540-51724 73,- DM

21 **Sauerer, Ch.**
Beitrag für ein Zerspanprozeßmodell Metallbandsägen
1990, 89 Abb. 166 Seiten, ISBN 3-540-51868-1 78,- DM

22 **Karstedt, K.**
Positionsbestimmung von Objekten in der Montage-
und Fertigungsautomatisierung
1990, 92 Abb. 157 Seiten, ISBN 3-540-51879-7 78,- DM

23 **Peiker, St.**
Entwicklung eines integrierten NC-Planungssystems
1990, 66 Abb. 180 Seiten, ISBN 3-540-51880-0 78,- DM

24 **Schugmann, R.**
Nachgiebige Werkzeugaufhängungen für die automatische Montage
1990. 71 Abb. 155 Seiren, ISBN 3-540-52138-0 78,- DM

25 **Wrba, P**
Simulation als Werkzeug in der Handhabungstechnik
1990, 125 Abb., 178 Seiten, ISBN 3-540-52231-X 78,- DM

26 **Eibelshäuser, P.**
Rechnerunterstützte experimentelle Modalanalyse
mitells gestufter Sinusanregung
1990, 79 Abb., 156 Seiten, ISBN 3-540-52451-7 78,- DM

27 **Prasch, J.**
Computerunterstützte Planung von chirurgischen Eingriffen
in der Orthopädie
1990, 113 Abb., 164 Seiten, ISBN 3-540-52543-2 78,- DM

28 **Teich, K.**
Prozeßkommunikation und Rechnerverbund in der Produktion
1990, 52 Abb., 158 Seiten, ISBN 3-540-52764-8 78,- DM

29 **Pfrang, W.**
Rechnergestützte und graphische Planung manueller
und teilautomatisierter Arbeitsplätze
1990, 59 Abb., 153 Seiten, ISBN 3-540-52829-6 78,- DM

30 **Tauber, A.**
Modellbildung kinematischer Stukturen
als Komponente der Montageplanung
1990, 93 Abb., 190 Seiten, ISBN 3-540-52911-X 78,- DM

31 **Jäger, A.**
Systematische Planung komplexer Produktionssysteme
1991, 75 Abb., 148 Seiten, ISBN 3-540-53021-5 78,- DM

32 **Hartberger, H.**
Wissensbasierte Simulation komplexer Produktionssysteme
1991, 58 Abb., 154 Seiten, ISBN 3-540-53326-5 78,- DM

33 **Tuczek H.**
Inspektion von Karosseriepreßteilen auf Risse und Einschnürungen
mittels Methoden der Bildverarbeitung
1992, 125 Abb., 179 Seiten, ISBN 3-540-53965-4 88,- DM

34 **Fischbacher, J.**
Planungsstrategien zur strömungstechnischen Optimierung
von Reinraum-Fertigungsgeräten
1991, 60 Abb., 166 Seiten, ISBN 3-540-54027-X 78,- DM

35 **Moser, O.**
3D-Echtzeitkollisionsschutz für Drehmaschinen
1991, 66 Abb., 177 Seiten, ISBN 3-540-54076-8 78,- DM

36 **Naber, H.**
Aufbau und Einsatz eines mobilen Roboters mit
unabhängiger Lokomotions- und Manipulationskomponente
1991, 85 Abb., 139 Seiten, ISBN 3-540-54216-7 78,- DM

37 **Kupec, Th.**
Wissensbasiertes Leitsystem zur Steuerung flexibler Fertigungsanlagen
1991, 68 Abb., 150 Seiten, ISBN 3-540-54260-4 78,- DM

38 **Maulhardt, U.**
Dynamisches Verhalten von Kreissägen
1991, 109 Abb., 159 Seiten, ISBN 3-540-54365-1 78,– DM

39 **Götz, R.**
Stukturierte Planung flexibel automatisierter Montagesysteme
für flächige Bauteile
1991, 86 Abb., 201 Seiten, ISBN 3-540-54401-1 78,– DM

40 **Koepfer, Th.**
3D- grafisch-interaktive Arbeitsplanung - ein Ansatz
zur Aufhebung der Arbeitsteilung
1991, 74 Abb., 126 Seiten, ISBN 3-540-54436-4 78,– DM

41 **Schmidt, M.**
Konzeption und Einsatzplanung flexibel automatisierter
Montagesysteme
1992, 108 Abb., 168 Seiten, ISBN 3-540-55025-9 88,– DM

42 **Burger, C.**
Produktionsregelung mit entscheidungsunterstützenden
Informationssystemen
1992, 94 Abb., 186 Seiten, ISBN 5-540- 55187-5 88,– DM

43 **Hoßmann, J.**
Methodik zur Planung der automatischen Montage von nicht
formstabilen Bauteilen
1992, 73 Abb., 168 Seiten, ISBN 3-540-5520-0 88,– DM

44 **Petry, M.**
Systematik zur Entwicklung eines modularen Programm-
baukastens für robotergeführte Klebeprozesse
1992, 106 Abb., 139 Seiten ISBN 3-540-55374-6 88,– DM

45 **Schönecker, W.**
Integrierte Diagnose in Produktionszellen
1992, 87 Abb., 159 Seiten, ISBN 3-540-55375-4 88,– DM

46 **Bick, W.**
Systematische Planung hybrider Montagesyste unter
Berücksichtigung der Ermittlung des optimalen Automatisierungsgrades
1992, 70 Abb., 156 Seiten ISBN 3-540-55377-0 88,– DM

47 **Gebauer, L.**
Prozeßuntersuchungen zur automatisierten Montage
von optischen Linsen
1992, 84 Abb., 150 Seiten, ISBN 3-540- 55378-9 88,– DM

48 **Schrüfer, N.**
Erstellung eines 3D-Simulationssystems zur Reduzierung
von Rüstzeiten bei der NC-Bearbeitung
1992, 103 Abb., 161 Seiten, ISBN 3-540-55431-9 88,– DM

49 **Wisbacher, J.**
Methoden zur rationellen Automatisierung der Montage
von Schnellbefestigungselementen
1992, 77 Abb., 176 Seiten, ISBN 3-540-55512-9 88,– DM

50 **Garnich. F.**
Laserbearbeitung mit Robotern
1992, 110 Abb., 184 Seiten, ISBN 3-540- 55513-7 88,– DM

51 **Eubert, P.**
Digitale Zustandsregelung elektrischer Vorschubantriebe
1992, 89 Abb., 159 Seiten, ISBN 3-540-44441-2 88,- DM

52 **Glaas, W.**
Rechnerintegrierte Kabelsatzfertigung
1992, 67 Abb., 140 Seiten, ISBN 3-540-55749-0 88,- DM

53 **Helml, H.J.**
Ein Verfahren zur on-line Fehlererkennung und Diagnose
1992, 60 Abb., 153 Seiten, ISBN 3-540-55750-4 88,- DM

54 **Lang, Ch.**
Wissensbasierte Unterstützung der Verfügbarkeitsplanung
1992, 75 Abb., 150 Seiten, ISBN 3-540-55751-2 88,- DM

55 **Schuster, G.**
Rechnergestütztes Planungssystem für die flexibel
automatisierte Montage
1992, 67 Abb., 135 Seiten, ISBN 3-540-55830-6 88,- DM

56 **Bomm, H.**
Ein Ziel- und Kennzahlensystem zum Investitionscontrolling
komplexer Produktionssysteme
1992, 87 Abb., 195 Seiten, ISBN 3-540-55964-7 88,- DM

57 **Wendt, A.**
Qualitätssicherung in flexibel automatisierten Montagesystemen
1992, 74 Abb., 179 Seiten, ISBN 3-540-56044-0 88,- DM

58 **Hansmaier, H.**
Rechnergestütztes Verfahren zur Geräuschminderung
1993, 67 Abb., 156 Seiten, ISBN 3-540-56043-2 88,- DM

59 **Dilling, U.**
Planung von Fertigungssystemen unterstützt
durch Wirtschaftlichkeitssimulation
1993, 72 Abb., 146 Seiten, ISBN 3-540-56307-5 88,- DM

60 **Strohmayr, R.**
Rechnergestützte Auswahl und Konfiguration
von Zubringeeinrichtungen
1993, 80 Abb., 152 Seiten, ISBN 3-540-56652-X 88,- DM

61 **Glas, J.**
Standardisierter Aufbau anwendungsspezifischer
Zellenrechnersoftware
1993, 80 Abb., 145 Seiten, ISBN 3-540-56890-5 88,- DM

62 **Stetter, R.**
Rechnergestützte Simulationswerkzeuge zur
Effizienzsteigerung des Industrierobotereinsatzes
1994, 91 Abb., 146 Seiten, ISBN 3-540-568891 88,- DM

63 **Dirndorfer, A.**
Robotersysteme zur förderbandsynchronen Montage
1993, 76 Abb, 144 Seiten, ISBN 3-540-57031-4 88,- DM

64 **Wiedemann, M.**
Simulation des Schwingungsverhaltens spanender Werkzeugmaschinen
1993, 81 Abb., 137 Seiten, ISBN 3-540-57177-9 88,- DM

65 **Woenckhaus, Ch.**
Rechnergestütztes System zur automatisierten 3D-Layoutoptimierung
1994, 81 Abb., 140 Seiten,ISBN 3540-57284-8 88,- DM

66 **Kummetsteiner, G.**
3D-Bewegungssimulation als integratives Hilfsmittel zur Planung manueller Montagesysteme
1994, 62 Abb.; 146 Seiten, ISBN 3-540-57535-9 88,– DM

67 **Kugelmann, F.**
Einsatz nachgiebiger Elemente zur wirtschaftlichen Automatisierung von Produktionssystemen
1993, 76 Abb., 144 Seiten, ISBN 3-540-57549-9 88,– DM

68 **Schwarz, H.**
Simulationsgestützte CAD/CAM-Kopplung für die 3D-Laserbearbeitung mit integrierter Sensorik
1994, 96 Abb., 148 Seiten, ISBN 3-540-57577-4 88,– DM

Die Bände sind im Erscheinungsjahr und in den Folgenden drei Kalenderjahren zu beziehen durch den örtlichen Buchhandel
oder durch Lange & Springer, Otte-Suhr-Allee 26-28, 10585 Berlin